수식으로 표현한 과학 2
지구과학 6

고등학생과 선생님을 위한

지구과학, 수식으로 표현해 보자

김 성 태 지음

재미난인연

머리말

작년에 '물리학, 수식으로 표현해 보자'라는 책으로 고등학교 학생들과 함께 공부하고 가르쳤던 자료들을 정리하여 보았다. 물리학 외 다른 과학의 영역에도 의외로 수식이 필요한 경우가 많다. 그 분야 중 하나가 바로 지구과학이다.

지구과학 영역을 공부하다 보면 많은 수식이 나타난다. 이 수식들을 이해하는 데는 수식이 어떻게 해서 등장하였는지를 알면 더욱 수식에 대한 이해가 높을 것으로 생각된다.

많은 수식은 물리학에서 비롯된 것이 많다. 나름대로 자세히 수식을 전개하였으나 부족한 점이 많으리라 생각된다.

책의 내용 중 어려운 부분은 '아 그러한 과정을 거쳐 식이 유도되었구나.' 하는 정도로 읽고 지나가면 되겠고 과학이라는 학문들이 서로 동떨어져 있지 않다는 생각을 가졌으면 좋겠다.

2021년 2월 10일

김 성 태

차 례

1장_풍력 발전

태양에너지가 지표면과 해양에 도달하여 지표면과 해양은 가열된다. 이 때 지표면과 해양의 상태에 따라 온도차가 발생하고 이에 따라 공기층에서 기압차가 발생해 기압이 높은 곳에서 낮은 곳으로 공기의 이동, 즉 바람이 불게 된다.

풍력 발전은 바람의 운동에너지로 풍력 발전기의 날개를 회전시켜 날개에 부착된 축을 회전시킴으로써 패러데이의 전자기 유도 법칙에 의해 발전기에서 전기에너지를 얻는 발전이다.

다음 〈그림 1-1〉과 같은 풍력 발전기를 생각해 보자.

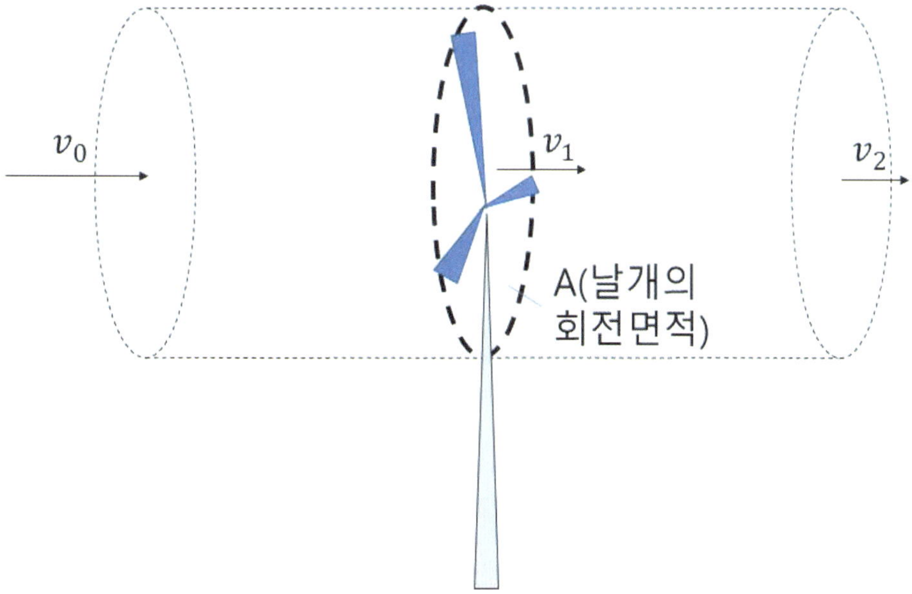

〈그림 1-1〉

<그림 1-1>에서 공기는 비압축성 유체이고 정상 상태를 나타낸다. 또한 날개의 개수가 많아 날개를 하나의 디스크로 생각하면 날개의 회전 면적은 A가 된다. 날개에 대해 바람이 불어오는 속력을 v_0, 발전기 날개를 빠져 나가는 속력을 v_2, 발전기 날개를 지나는 속력을 v_1이라고 두면 속력들의 관계는 $v_0 > v_1 > v_2$의 관계가 성립한다.

공기의 밀도를 ρ라고 할 때 회전 면적 A를 지나는 바람이 단위 시간에 할 수 있는 일의 양 즉, 바람의 일률(P_0)은

$$P_0 = \frac{dW}{dt}(W: \text{일})$$

이고 이는 바람의 운동에너지와 같다. 단위시간당 회전면적 A에 대해 지나는 공기의 부피와 질량은 각각 Av_0, ρAv_0이므로 바람의 일률은

$$P_0 = \frac{1}{2}mv^2 = \frac{1}{2}\rho Av_0v_0^2 = \frac{1}{2}\rho Av_0^3 \quad \cdots\cdots\cdots\cdots \langle \text{식 1-1} \rangle$$

이 된다. 바람의 일률이 발전기에 전달되는 일률P는 날개의 앞뒷면에서의 바람의 감소한 운동에너지와 같으므로

$$P = \frac{1}{2}m(v_0^2 - v_2^2)(m = \rho Av_1) = \frac{1}{2}\rho Av_1(v_0^2 - v_2^2) \quad \cdots\cdots\cdots\cdots \langle \text{식 1-2} \rangle$$

이 된다. 바람의 일률이 발전기에 전달되는 일률 P를 또 다른 방법으로 구할 수 있다. 즉, 시간에 대한 운동량의 변화량을 이용하면 된다.

$$\frac{\Delta P_{\text{운동량}}}{\Delta t} = F(\text{힘})$$

이므로 단위시간(Δt=1)당 변화률은 $\Delta P_{\text{운동량}} = F$가 된다. $\Delta P_{\text{운동량}} = m\Delta v$이고

$$F = \Delta P_{\text{운동량}} = m(v_0 - v_2) = \rho Av_1(v_0 - v_2)$$

가 된다. Fv_1또한 일률이므로

$$P = Fv_1 = \rho A v_1 (v_0 - v_2) v_1 = \rho A v_1^2 (v_0 - v_2) \quad \cdots\cdots\cdots\cdots \langle \text{식 } 1\text{-}3 \rangle$$

가 된다.

전기에너지를 생산하는 발전기의 효율(e)을 바람의 일률(P_0)에 대해 발전기의 일률(P)의 비로 정의하면

$$e = \frac{P}{P_0} \quad \cdots\cdots\cdots\cdots \langle \text{식 } 1\text{-}4 \rangle$$

가 된다.

이 풍력 발전기의 최대 효율은 어떻게 될까?

<식 1-4>에서 P가 최대로 될 때 효율은 최대가 된다. 그런데 <식 1-2>와 <식 1-3>에서 P는 v_0, v_1, v_2를 포함하고 있으므로 이들 사이의 관계를 먼저 알아봐야 한다. <식 1-2>와 <식 1-3>은 같은 식이므로

$$\frac{1}{2}\rho A v_1 (v_0^2 - v_2^2) = \rho A v_1^2 (v_0 - v_2)$$

가 되고 식을 정리하면 $v_0 + v_2 = 2v_1$가 된다. 이를 <식 1-3>에 대입하면

$$P = \rho A v_1^2 (v_0 - 2v_1 + v_0) = 2\rho A (v_0 v_1^2 - v_1^3)$$

가 된다. 그러므로 효율은 다음과 같다.

$$e = \frac{P}{P_0} = \frac{2\rho A (v_0 v_1^2 - v_1^3)}{\frac{1}{2}\rho A v_0^3} = 4\left\{ (\frac{v_1}{v_0})^2 - (\frac{v_1}{v_0})^3 \right\} \quad \cdots\cdots\cdots\cdots \langle \text{식 } 1\text{-}5 \rangle$$

<식 1-5>에서 $\dfrac{v_1}{v_0}$의 값은 $v_1 = v_0$일 때 최댓값이 1, $v_1 = 0$일 때 최솟값 0을 가지며 v_1은 항상 v_0

보다 작고 $v_1 \neq 0$이므로 $\frac{v_1}{v_0}$의 값은 $0 < \frac{v_1}{v_0} < 1$의 범위 안에 있게 된다. $e = y$, $\frac{v_1}{v_0} = x$로 두면

$$y = 4(x^2 - x^3)$$

이 되고 이를 그래프로 그리면 <그림 1-2>와 같이 된다.

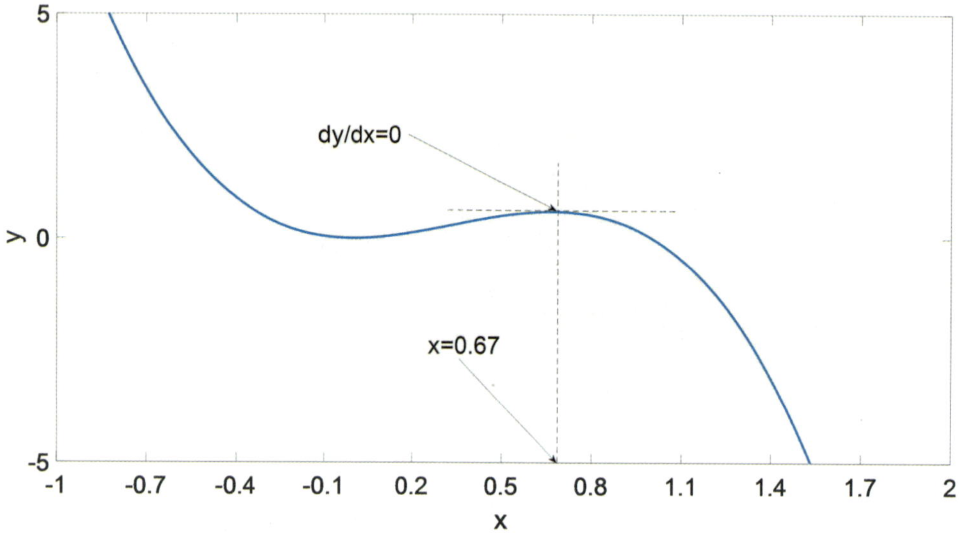

<그림 1-2>

<그림 1-2>에서 기울기가 0인 지점에서 효율$e(y)$는 최대가 된다. y를 x에 대해 미분하면 $\frac{dy}{dx} = 4(2x - 3x^2)$이 되고 이 값이 0이 되는 지점은 $x = 0, \frac{2}{3}$이므로 0은 제외하고 $x = \frac{2}{3} \approx 0.67$일 때 효율이 최대가 된다. $\frac{v_1}{v_0} = \frac{2}{3}$를 <식 1-5>에 대입하면

$$e = 4\left\{\left(\frac{2}{3}\right)^2 - \left(\frac{2}{3}\right)^3\right\} = \frac{16}{27}$$

이 된다.

풍력 발전기가 설치된 장소에서 바람의 속력v_0는 시간에 따라 변하고 속력에 따른 빈도도 차이가 난다. 만약 바람의 속력v_0에 따른 속력의 분포가 <그림 1-3>과 같다고 하면

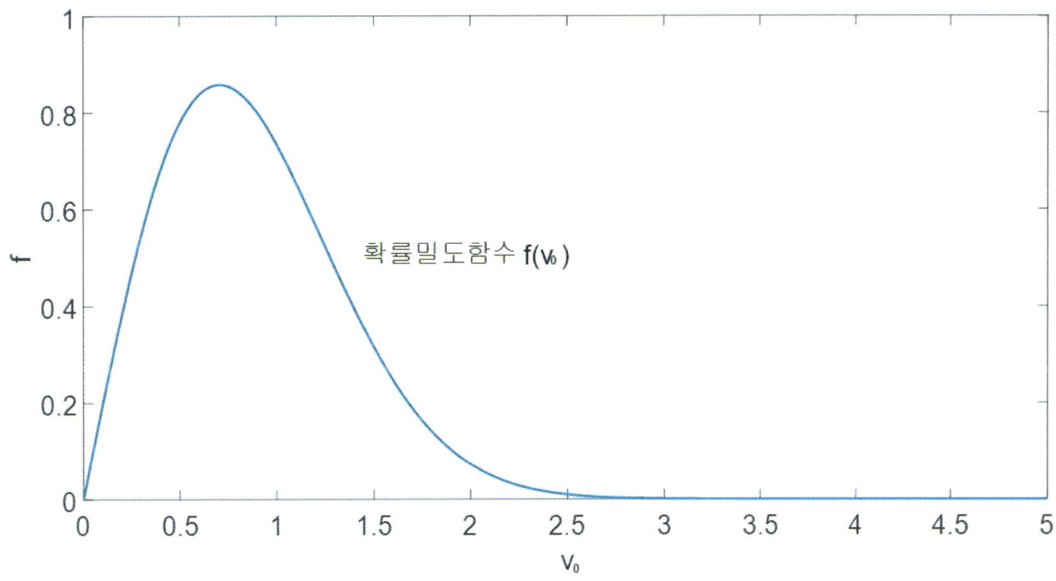

<그림 1-3>

이 그래프의 함수 $f(v_0)(=2v_0e^{-v_0^2})$는 확률밀도함수가 된다. 왜냐하면 이 그래프의 면적(S)을 구해 보면

$$S=\int_0^\infty f(v_0)dv_0=\int_0^\infty 2v_0c^{-v_0^2}dv_0$$

가 되고 $v_0^2=x$로 두면 $2v_0dv_0=dx$이므로

$$S=\int_0^\infty e^{-x}dx=(-e^{-\infty}+e^{-0})=1$$

이 되기 때문이다.

이 확률밀도함수를 이용하여 발전기의 P의 평균값을 구해 보자. 먼저 <식 1-4>를 이용하면 $P=eP_0=\frac{e}{2}\rho Av_0^3$가 되고 P의 평균값은 확률밀도함수 $f(v_0)$를 곱하고 v_0를 0에서 ∞까지 적분하면 된다. 이를 식으로 표현하면 다음과 같다.

$$P_{ave} = \int_0^\infty \frac{e}{2}\rho A v_0^3 f(v_0) dv_0$$

$$= \frac{e}{2}\rho A \int_0^\infty v_0^3 2v_0 e^{-v_0^2} dv_0$$

$$= e\rho A \int_0^\infty v_0^4 e^{-v_0^2} dv_0$$

위 식에서 $v_0 = x$로 두면 $P_{ave} = e\rho A \int_0^\infty x^4 e^{-x^2} dx$로 표현된다.

$$x^4 e^{-x^2} = \frac{1}{16}\frac{d^4}{dx^4}(e^{-x^2}) - \frac{3}{4}e^{-x^2} + 3x^2 e^{-x^2}$$

의 관계식을 이용하면

$$P_{ave} = e\rho A \int_0^\infty \left[\frac{1}{16}\frac{d^4}{dx^4}(e^{-x^2}) - \frac{3}{4}e^{-x^2} + 3x^2 e^{-x^2}\right] dx$$

$$= e\rho A\left(0 - \frac{3}{8}\sqrt{\pi} + \frac{3}{4}\sqrt{\pi}\right)$$

$$= e\rho A \frac{3}{8}\sqrt{\pi}$$

가 된다.

2장_조력 발전

조력 발전은 태양, 지구, 달 사이의 중력에 의한 상호작용 때문에 생긴 에너지를 이용한다. 밀물과 썰물에 의한 바닷물의 수위차를 이용하고 우리나라는 시화호에 조력 발전소가 있다.

조력 발전소는 강수량에 영향을 받지 않고 약 하루에 두 번씩 안정적으로 발전할 수 있는 장점이 있는 반면 발전소가 설치된 제방 안쪽은 환경에 영향을 받을 수 있다.

조력 발전은 조수간만의 차이에 따른 바닷물의 중력 퍼텐셜 에너지(위치 에너지)를 이용하므로 다음 〈그림 2-1〉과 같이 간조 때 방조제 안쪽에 들어 있는 총질량 m인 바닷물의 중력 퍼텐셜 에너지를 구해보자.

〈그림 2-1〉에서 방조제 안쪽의 바닥에서 h_i번째 바닷물의 표면적을 $A_i(h_i)$라고 할 때 모든 높이에서 $A_i(h_i)$는 동일하므로 표면적을 A, 바닷물의 밀도를ρ라고 하면 h_i번째 dh두께에 해당하는 바닷물의 중력 퍼텐셜 에너지(dE_{P_i})는

$$dE_{P_i} = dm_i g h_i$$

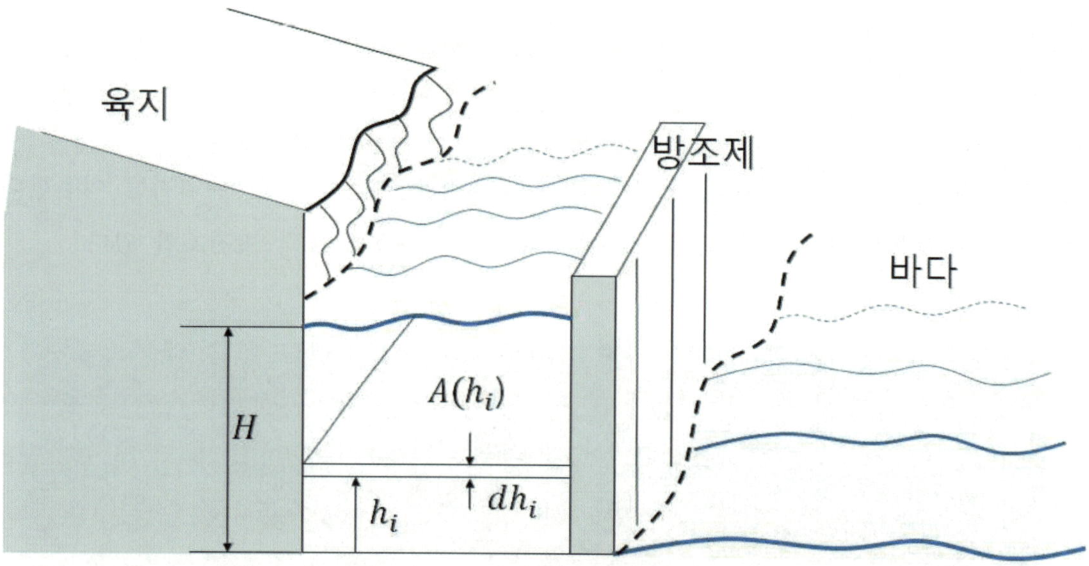

<그림 2-1>

가 된다(g는 중력 가속도 이다). $dm_i = A_i(h_i)\rho dh$이므로 모든 높이에서의 dE_{P_i}를 더하면 총질량 m인 바닷물의 중력 퍼텐셜 에너지(E_P)를 다음과 같이 구할 수 있다.

$$E_P = \sum_i dE_{P_i} = \sum_i dm_i gh_i = \sum_i gh_i A_i(h_i)\rho dh_i$$

$$= \int_0^H Agh\rho dh = Ag\rho \int_0^H hdh$$

$$= \rho Ag\frac{H^2}{2} = \frac{1}{2}\rho AHgH$$

$$= \frac{1}{2}mgH \quad \cdots\cdots\cdots\cdots < 식2-1 >$$

<식 2-1>에서 조력 발전으로 얻을 수 있는 에너지는 조석 간만의 차(H)와 방조제 안쪽에 담긴 바닷물의 질량(m)에 비례한다. 물론 <그림 2-1>과 같은 경우 모든 바닷물이 $\frac{H}{2}$인 지점에 있다고 생각하고 바닷물의 중력 퍼텐셜 에너지를 구하면 $mg\frac{H}{2}$로 바로 구할 수 있다.

그러나 방조제 안쪽 바닷물 표면의 면적 $A_i(h_i)$는 h_i에 따라 달라질 수 있다. 다음 <그림 2-2>와

같이 간조 때 방조제 안쪽에 갇힌 바닷물을 생각해 보자.

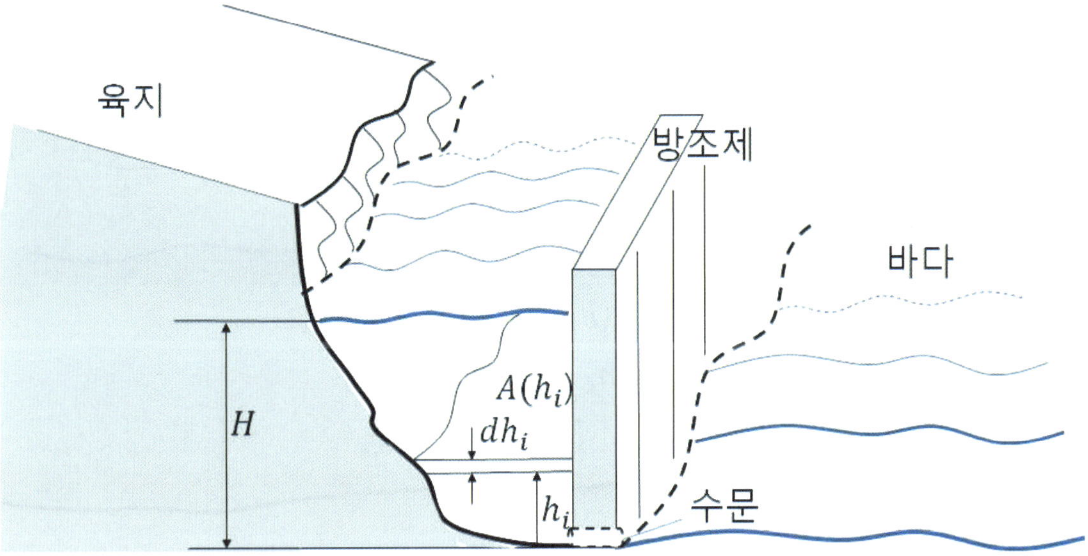

<그림 2-2>

h_i 지점의 바닷물 표면의 면적 $A_i(h_i)$는 <그림 2-2>에 나타난 바와 같이 h_i에 따라 일정하지 않고 변한다. 이 때 즉, 간조 때 수문을 열어 발전할 때 발전량은 방조제 안쪽에 갇힌 바닷물의 중력 퍼텐셜 에너지(E_P)에 비례한다. E_P를 구해보자

높이 h_i 지점의 $dE_{P_i} = dm_i g h_i$가 되고, $dm_i = A_i(h_i)\rho dh$를 사용하면

$$dE_{P_i} = \rho A_i(h_i) dh_i g h_i$$

가 된다. 모든 높이에서의 dE_{P_i}를 더하면 총질량 m인 바닷물의 중력 퍼텐셜 에너지(E_P)를 다음과 같이 구할 수 있다.

$$E_P = \sum_i dE_{P_i} = \sum_i g h_i A_i(h_i) \rho dh_i$$
$$= \int_0^H A(h) g h \rho dh = \rho g \int_0^H A(h) h dh \quad \cdots\cdots\cdots\cdots < 식 2-2 >$$

<식 2-2>는 $A(h)$값을 알 수 없으므로 적분할 수가 없다.

반대로 만조 때 방조제 안쪽으로 들어오는 바닷물에 대한 다음 <그림 2-3>을 생각해보자.

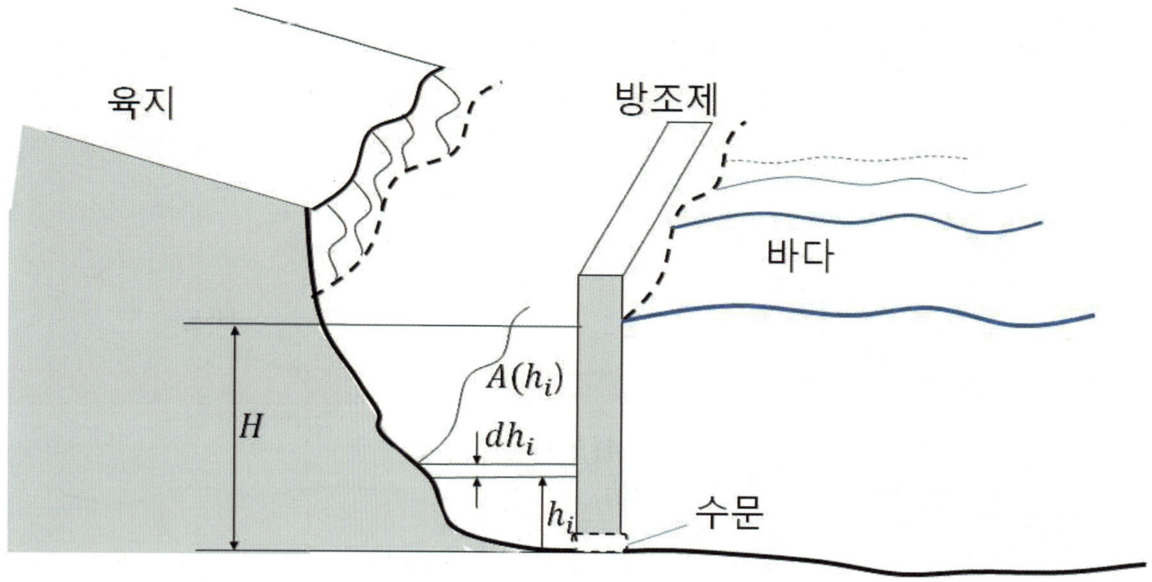

<그림 2-3>

바닷물의 유입에 의해 h는 H까지 높아질 것이다. 물론 만조 때 바닷물의 높이 H는 변하지 않는다고 생각한다. 그러면 이 때 바닷물의 중력 페텐셜 에너지(E_P)는 <식 2-2>에서 h를 $(H-h)$로 바꾸면 된다. 그러면 바닷물의 중력 퍼텐셜 에너지(E_P)는 다음과 같다.

$$E_P = \rho g \int_0^H A(h)(H-h)dh \quad \cdots\cdots\cdots\cdots < 식2-3 >$$

<식 2-3>은 $A(h)$값을 알 수 없으므로 적분할 수가 없다. 만약 만조와 간조 때 모두 발전한다면 총 발전량(E_t)은 <식 2-2>와 <식 2-3>을 더한 값과 같다.

$$\begin{aligned} E_t &= \rho g \int_0^H A(h)hdh + \rho g \int_0^H A(h)(H-h)dh \\ &= \rho g \int_0^H [A(h)h + A(h)H - A(h)h]\, dh \\ &= \rho g H \int_0^H A(h)\, dh \end{aligned}$$

$\int_0^H A(h)\,dh$는 방조제 안의 총 부피 V가되고 $\rho V = m$이므로

$$E_t = \rho g H V = m g H \quad \cdots\cdots\cdots\cdots \langle 식\ 2\text{-}4 \rangle$$

가 된다.

〈식 2-4〉를 〈식 2-1〉과 비교해 보면 〈식 2-1〉은 간조 때만 발전하는 것이고 〈식 2-4〉는 만조와 간조 때 모두 발전하는 것을 나타낸다. 어쨌든 발전량은 방조제에 갇힌 바닷물의 양(m)과 만조와 간조의 높이차(H)가 클 때 발전량이 크다.

3장_반감기

원자는 전하량이 양(+)인 핵을 가지고 있다. 이 핵은 양성자(proton)와 중성자(neutron)로 구성되어 있고 이 둘은 거의 같은 질량을 지니고 있다. N을 중성자수, Z를 양성자수라고 할 때 $A=Z+N$을 질량수라고 한다.

같은 수의 Z를 가지지만 N이 다른 원소를 동위원소라고 한다. 예를 들면 ${}^{238}_{92}\mathrm{U}$과 ${}^{235}_{92}\mathrm{U}$는 우라늄 동위원소이다.

대부분의 동위원소들은 불안정하여 α선, β선, γ선을 방출하는 방사성 붕괴로 안정적인 핵종으로 변한다.

지층이나 암석 등에 포함된 방사성 동위원소는 각각의 개별 핵이 붕괴되는 시점은 예상할 수 없으나 항상 전체가 일정한 비율로 붕괴되는 시점은 알 수 있는데 이 때 방사성 동위 원소가 붕괴하여 처음 양의 반으로 줄어 드는 데 걸리는 시간을 반감기(t)라고 한다.

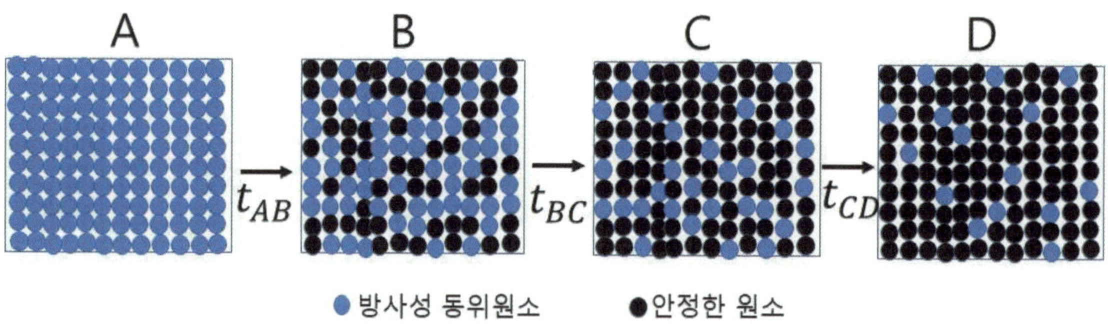

〈 그림 3-1〉

〈그림 3-1〉에서 방사성 동위 원소들이 A상태에서 B상태로, B상태에서 C상태로, C상태에서 D상태로 각각 안정된 원소로 반으로 줄어드는 시간 t_{AB}, t_{BC}, t_{CD}는 모두 같다. 즉 $t_{AB}=t_{BC}=t_{CD}$이다.

${}^{238}_{92}\mathrm{U}$는 4.51×10^{9}year, ${}^{226}_{88}\mathrm{Ra}$는 1.61×10^{3}year, ${}^{137}_{55}\mathrm{Cs}$는 30.23year, ${}^{131}_{53}\mathrm{I}$는 8.04day, ${}^{13}_{8}\mathrm{O}$는 8.7×10^{-3}s 등의 반감기를 가진다.

먼저 처음에 N_0개의 방사성 원소가 시간에 따라 그 개수 $N(t)$는 어떻게 될까?

시간당 방사성 원소의 변화율 $\frac{dN}{dt}$은 N에 비례할 것이므로

$$\frac{dN}{dt} \propto N$$

이 성립하고 등식 관계를 이루기 위해 붕괴율을 나타내는 비례상수 λ를 도입하면

$$\frac{dN}{dt} = -\lambda N \quad \cdots\cdots \langle \text{식 3-1} \rangle$$

이 된다. 식에서 (−)부호는 $\frac{dN}{dt}$이 음수이기 때문이다. $N(t)$를 구하기 위해서는 〈식 3-1〉을 풀면 된다.

〈식 3-1〉은 $\frac{dN}{N} = -\lambda dt$가 되고 시간$t=0$일 때 $N=N_0$, t에서 $N=N$이므로 이 식을 적분하면 된다.

$$\int_{N_0}^{N} \frac{dN}{N} = -\lambda \int_0^t dt$$

$$[\ln N]_{N_0}^{N} = -\lambda t$$

$$\ln \frac{N}{N_0} = -\lambda t$$

$$N = N_0 e^{-\lambda t} \quad \cdots\cdots\cdots\cdots \langle \text{식 3-2} \rangle$$

가 된다. <식 3-2>에서 $N = \frac{1}{2} N_0$일 때의 시간 t가 반감기이고 이 시간을 $t_{0.5}$라 두면

$$\frac{1}{2} N_0 = N_0 e^{-\lambda t_{0.5}}$$

$\frac{1}{2} = e^{-\lambda t_{0.5}}$이고 양변에 ln을 취하면

$$-\ln 2 = -\lambda t_{0.5}$$

$$t_{0.5} = \frac{\ln 2}{\lambda} \quad \cdots\cdots\cdots\cdots \langle \text{식 3-3} \rangle$$

가 된다.

<식 3-2>를 그래프로 그려 보면 <그림 3-2>와 같다.

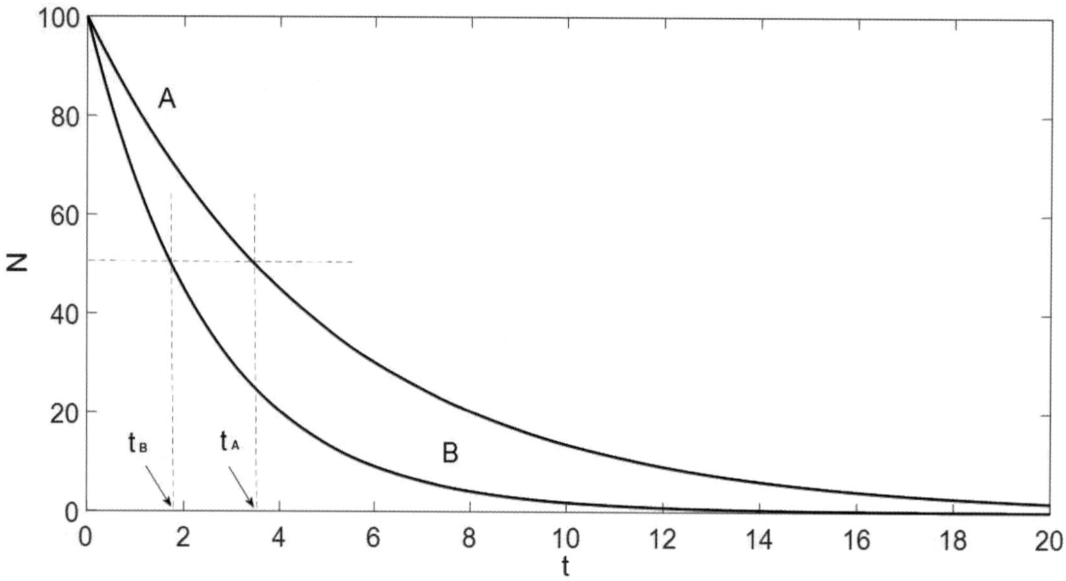

<그림 3-2>

<그림 3-2>는 A, B 각 원소의 붕괴율을 각각 0.2, 0.4로 두고 그린 것이며 $N_0 = 100$일 때 $N=50$으로 되는 t_A, t_B가 각각 A와 B의 반감기가 된다. <식 3-3>에서와 같이 붕괴율이 클수록 반감기가 작은 것을 볼 수 있다.

붕괴율 λ를 알면 <식 3-3>을 통해 반감기 $t_{0.5}$을 구할 수 있는데 다음 문제를 통해 $t_{0.5}$를 구해보자.

<문제>

$226g$의 ${}^{226}_{88}\mathrm{Ra}$원소가 단위 시간당 α입자를 8.136×10^{12}개 방출한다고 하자. 이 때 ${}^{226}_{88}\mathrm{Ra}$의 반감기를 구해 보자.

먼저 <식 3-1>을 사용하면 된다.

$$\frac{dN}{dt}=-\lambda N$$

에서 $\frac{dN}{dt}=-8.136\times10^{12}/s$(여기서(−)는 N이 감소하기 때문이다), N은 $226g$속의 ${}^{226}_{88}\mathrm{Ra}$의 개수 이므로 $N=6\times10^{23}$이 된다. 그러므로 다음 식이 성립한다.

$$-8.136\times10^{12}/s=-\lambda\times6\times10^{23}$$

$$\lambda=\frac{8.136\times10^{12}/s}{6\times10^{23}}=1.356\times10^{-11}/s$$

가 된다. 이를 <식 3-3>에 대입하면

$$t_{0.5}=\frac{\ln2}{1.356\times10^{-11}/\mathrm{s}}$$

$$=5.1\times10^{10}\mathrm{s}$$

$$=1617.2\mathrm{year}$$

이 된다.

이번에는 반감기를 알고 있는 ^{14}C로부터 생물이 죽은 시기를 추정해 보자. ^{14}C의 반감기는 5730년 이다. ^{14}C는 대기 상부에서 우주선(cosmic ray)에 의해 다음과 같이 생성된다.

$$^{14}_{7}\mathrm{N}+^{1}_{0}\mathrm{n}\rightarrow^{14}_{6}\mathrm{C}+^{1}_{1}\mathrm{H}$$

^{14}C는 대기 숭에 항상 일정한 비율로 존재하고 산소와 결합하여 $^{14}CO_2$형태로 광합성에 이용되고 생명체가 살아 있는 동안 대기 중의 $^{14}CO_2$와 생명체 내의 ^{14}C는 평형을 유지하고 있다. 그러나 생명체가 죽게 되면 생명체 내의 ^{14}C의 비율은 β붕괴로 인해 감소하게 된다.

만약 평형 상태에서 ^{14}C는 탄소 1kg당, 1초당 약 250번의 붕괴($\frac{dN_0}{dt}=250/\mathrm{s}\cdot\mathrm{kg}$)가 일어나고 오래전에 죽은 나무가 발견되어 이 나무에서 1kg당, 1초당 약 167번의 붕괴($\frac{dN}{dt}=167/\mathrm{s}\cdot\mathrm{kg}$)가 측정되었다면 이 나무는 언제 죽은 나무일까?

먼저 <식 3-3>을 사용하면 붕괴율은 다음과 같다.

$$\lambda=\frac{0.693}{5730\mathrm{year}}=1.21\times10^{-4}/\mathrm{year}$$

생물이 죽기 직전 즉, $t=0$일 때 ^{14}C의 개수를 N_0, 생물이 죽은 후 시간이 t가 되었을 때 ^{14}C의 개수를 N이라고 하고 이를 <식 3-1>에 적용하면

$$\frac{dN_0}{dt}=-\lambda N_0 \Rightarrow N_0=-\frac{1}{\lambda}\frac{dN_0}{dt}=-\frac{1}{\lambda}\frac{250}{s \cdot kg} \quad \cdots\cdots\cdots\cdots \langle 식\ 3\text{-}4 \rangle$$

$$\frac{dN}{dt}=-\lambda N \Rightarrow N=-\frac{1}{\lambda}\frac{dN}{dt}=-\frac{1}{\lambda}\frac{167}{s \cdot kg} \quad \cdots\cdots\cdots\cdots \langle 식\ 3\text{-}5 \rangle$$

가 된다. <식 3-4>와 <식 3-5>를 $\ln\frac{N}{N_0}=-\lambda t$식에 적용하면 다음과 같다.

$$\ln\frac{-\frac{1}{\lambda}\frac{167}{s \cdot kg}}{-\frac{1}{\lambda}\frac{250}{s \cdot kg}}=-(1.21\times10^{-4})/\text{year} \cdot t$$

여기서 t를 구하면 다음과 같다.

$$t=(\ln\frac{167}{250})\times(-\frac{1}{1.21\times10^{-4}}\text{year})$$

$$=3334.4\text{year}$$

이 나무는 지금으로부터 3334년 전에 죽은 나무이다.

4장_태양 복사

일정한 온도의 물체는 주위 환경에서 흡수하는 에너지와 같은 비율로 다시 에너지를 내 놓는다. 물체에 들어오는 전자기파 에너지를 모두 흡수하는 물체를 흑체라 부르며 이 흑체의 방출률은 1이다.

태양은 막대한 양의 전자기파 에너지를 방출하는데 그 중 아주 작은 일부가 지구에 도달하게 된다. 이 전자기파 에너지는 46%가 가시광선, 32%가 적외선, 7%가 자외선 영역에 해당한다.

태양을 흑체처럼 가정하고 빛의 에너지 양자화[$E_n = nhf(n=0, 1, 2, \bullet\bullet\bullet)$, h: 플랑크 상수, f: 진동수]가설을 토대로 복사 세기에 대한 식을 구해보면 다음과 같다.

$$I(f, T) = \frac{2hf^3}{c^2}\frac{1}{e^{\frac{hf}{kT}}-1}$$ (c: 빛의 속력, k; 볼츠만 상수, T: 절대 온도)

$c = f\lambda$(λ: 파장)이므로 식을 파장에 대한 식으로 바꾸면

$$I(\lambda, T) = \frac{2hc^2}{\lambda^5}\frac{1}{e^{\frac{hc}{\lambda kT}}-1}$$ ……〈식 4-1〉

이 된다. 이를 그래프로 그려 보면 〈그림 4-1〉과 같다.

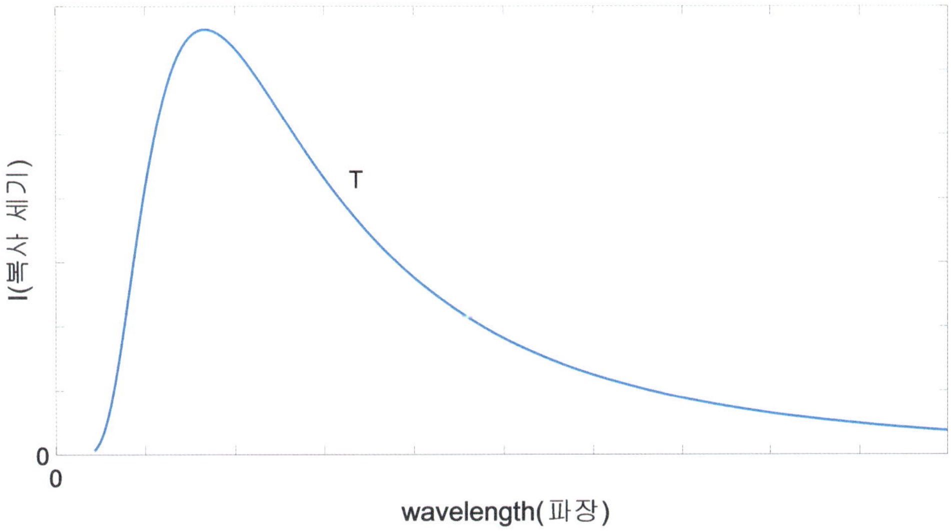

〈그림 4-1〉

또한 흑체 내의 에너지 밀도 $u(f, T)$에 대한 식은

$$u(f,T)=\frac{8\pi hf^3}{c^3}\frac{1}{e^{\frac{hf}{kT}}-1} \quad \cdots\cdots\cdots\cdots \langle 식\ 4\text{-}2\rangle$$

이 된다. 이는 진동수 f에 대한 식이다.

1) 슈테판-볼츠만(Stefan-Boltzmann) 법칙

흑체 내의 총 에너지 밀도 $U(f, T)$는 흑체 내에 존재하는 모든 진동수 f에 대해 <식 4-2>를 적분하면 된다. 이를 식으로 나타내면 다음과 같다.

$$\begin{aligned} U(f, T) &= \int_0^\infty u(f, T)df \\ &= \int_0^\infty \frac{8\pi hf^3}{c^3}\frac{1}{e^{\frac{hf}{kT}}-1}df \end{aligned}$$

여기서 $\frac{hf}{kT}=x, df=\frac{kT}{h}dx$로 두면 식은 다음과 같다.

$$\begin{aligned} U(f, T) &= \frac{8\pi h}{c^3}\int_0^\infty \left(\frac{kT}{h}x\right)^3\frac{1}{e^x-1}\frac{kT}{h}dx \\ &= \frac{8\pi h}{c^3}\left(\frac{kT}{h}\right)^4\int_0^\infty \frac{x^3}{e^x-1}dx \quad \cdots\cdots\cdots\cdots < 식\ 4-3 > \end{aligned}$$

이 된다. <식 4-3>의 적분 기호 속의 적분은

$$\begin{aligned} \int_0^\infty \frac{x^3}{e^x-1}dx &= \int_0^\infty x^3\frac{1}{e^x(1-e^{-x})}dx = \int_0^\infty x^3\frac{1}{e^x}\sum_{n=0}^\infty e^{-nx} \\ &= \int_0^\infty x^3\frac{1}{e^x}\sum_{n=1}^\infty e^{-(n-1)x}dx = \int_0^\infty x^3\sum_{n=1}^\infty e^{-nx}dx \end{aligned}$$

가 된다.

여기서 $nx=y, ndx=dy$로 두면 식은 다음과 같다.

$$\int_0^\infty (\frac{y}{n})^3 \sum_{n=1}^{\infty} e^{-y} \frac{1}{n} dy = \sum_{n=1}^{\infty} \frac{1}{n^4} \int_0^\infty y^3 e^{-y} dy \quad \cdots\cdots\cdots\cdots \langle 식\ 4\text{-}4 \rangle$$

$\sum_{n=1}^{\infty} \frac{1}{n^4}$의 값은 $\frac{\pi^4}{90}$이고, $\int_0^\infty y^3 e^{-y} dy$는 $3! = 6$이므로 <식 4-4>는 $6\frac{\pi^4}{90} = \frac{\pi^4}{15}$이 되어 이를 <식 4-3>에 대입하면

$$U(f,\ T) = \frac{8\pi h}{c^3} (\frac{kT}{h})^4 \frac{\pi^4}{15} = \frac{8}{15} \frac{\pi^5}{c^3 h^3} k^4 T^4 \quad \cdots\cdots\cdots\cdots \langle 식\ 4\text{-}5 \rangle$$

이 된다.

<식 4-5>를 사용하여 단위시간당, 단위면적당 흑체에서 복사하는 에너지R을 계산하면 <식 4-5>에 $\frac{c}{4}$항이 곱해진 형태로 다음과 같다.

$$R = \frac{c}{4} \frac{8}{15} \frac{\pi^5}{c^3 h^3} k^4 T^4 = \frac{2}{15} \frac{\pi^5 k^4}{c^2 h^3} T^4 = \sigma T^4 \quad \cdots\cdots\cdots\cdots \langle 식\ 4\text{-}6 \rangle$$

이 된다. <식 4-6>을 슈테판-볼츠만 법칙이라고 한다. 흑체에서 방출하는 에너지가 절대온도 T^4에 비례한다는 것이고 슈테판-볼츠만 상수 σ의 값은 다음과 같다.

$$\sigma = \frac{2}{15} \frac{\pi^5 \times (1.38 \times 10^{-23} \mathrm{J/K})^4}{(3 \times 10^8 \mathrm{m/s})^2 (6.626 \times 10^{-34} \mathrm{Js})^3} = 5.67 \times 10^{-8} \mathrm{W/m^2K^4}$$

2) 빈(Wien)의 변위(displacement) 법칙

흑체는 온도가 높을수록 더 많은 에너지를 방출하는데 온도가 높을수록 최대에너지를 방출하는 전자기파의 파장(λ_{max})은 다음 <그림 4-2>처럼 짧아진다.

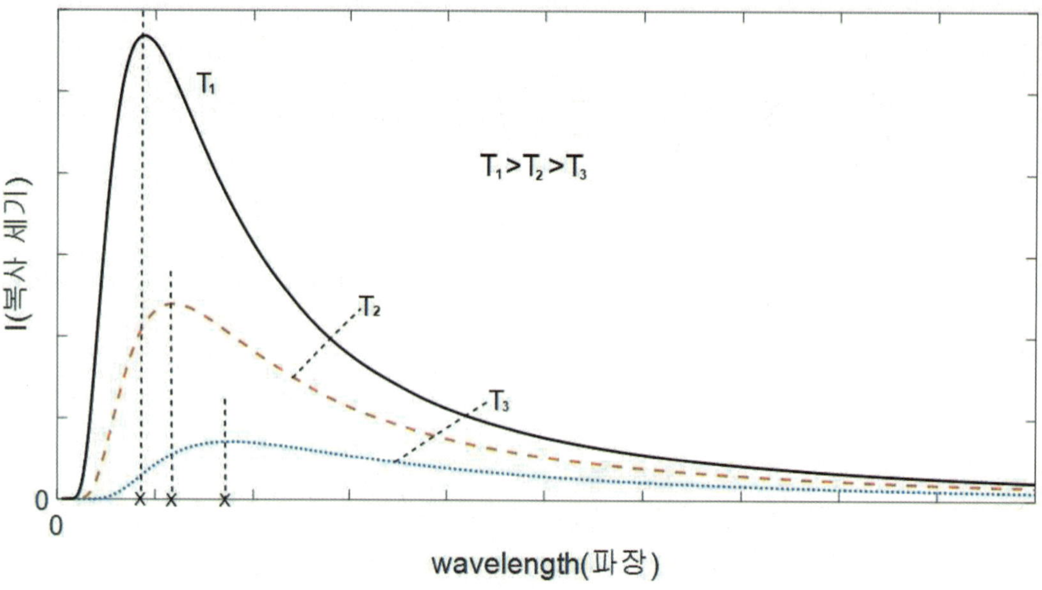

<그림 4-2>

빈의 법칙을 유도하기 위해 <식 4-2>를 $c=f\lambda$를 사용하여 λ에 관한 식으로 바꾸면

$$u(\lambda, T)=\frac{8\pi hf^3}{c^3}\frac{1}{e^{\frac{hf}{kT}}-1}$$

$$=\frac{8\pi h}{c^3}\left(\frac{c}{\lambda}\right)^3\frac{1}{e^{\frac{hc}{kT\lambda}}-1}\left(\frac{c}{\lambda^2}\right)$$

$$=8\pi hc\frac{1}{\lambda^5}\frac{1}{e^{\frac{hc}{kT\lambda}}-1} \quad \cdots\cdots\cdots\cdots < 식4-7 >$$

이 된다.

최대에너지를 방출하는 전자기파의 파장 $\lambda_{\max}$는

$$\frac{du(\lambda, T)}{d\lambda}=0$$

인 지점을 찾으면 되므로 <식 4-7>를 λ에 대해 미분한다.

$8\pi hc\frac{d}{d\lambda}(\frac{1}{\lambda^5}\frac{1}{e^{\frac{hc}{kT\lambda}}-1})=0$ 에서 $\alpha=\frac{hc}{kT}$로 두면

$$\frac{d}{d\lambda}(\frac{1}{\lambda^5}\frac{1}{e^{\frac{\alpha}{\lambda}}-1})=0$$

$$-5\lambda^{-6}(e^{\frac{\alpha}{\lambda}}-1)^{-1}+\lambda^{-5}(-1)(e^{\frac{\alpha}{\lambda}}-1)^{-2}e^{\frac{\alpha}{\lambda}}(-\frac{\alpha}{\lambda^2})=0$$

$$5(e^{\frac{\alpha}{\lambda}}-1)=\frac{\alpha}{\lambda}e^{\frac{\alpha}{\lambda}}$$

가 되고, $\frac{\alpha}{\lambda}=b$로 두면

$$5(e^b-1)=be^b \quad \cdots\cdots\cdots\cdots \langle 식\ 4\text{-}8 \rangle$$

가 된다. 〈식 4-8〉은 바로 계산할 수 없으므로 회귀법 계산을 통해 구하면 $b\approx4.965$가 되므로 $\frac{\alpha}{\lambda}=b=4.965$에 $\alpha=\frac{hc}{kT}$를 대입하면

$$\lambda_{max}T=\frac{hc}{k\times4.965}=\frac{6.626\times10^{-34}\text{Js}\times3\times10^8\text{m/s}}{1.38\times10^{-23}\text{JK}^{-1}\times4.965}$$

$$=2.898\times10^{-3}\text{Km} \quad \cdots\cdots\cdots\cdots < 식 4-9 >$$

가 된다. 〈식 4-9〉를 빈의 변위 법칙이라고 한다. 〈식 4-9〉는 온도가 증가함에 따라 λ_{max}가 짧은 쪽으로 이동함을 나타낸다.

여기까지의 내용을 바탕으로 태양과 지구의 표면 온도, 우주 배경복사에 해당하는 파장을 구해보자.

첫 번째로 태양의 표면 온도를 구해보자.

지구가 태양 둘레를 원운동한다고 가정하고 다음 〈그림 4-3〉을 생각해 보자.

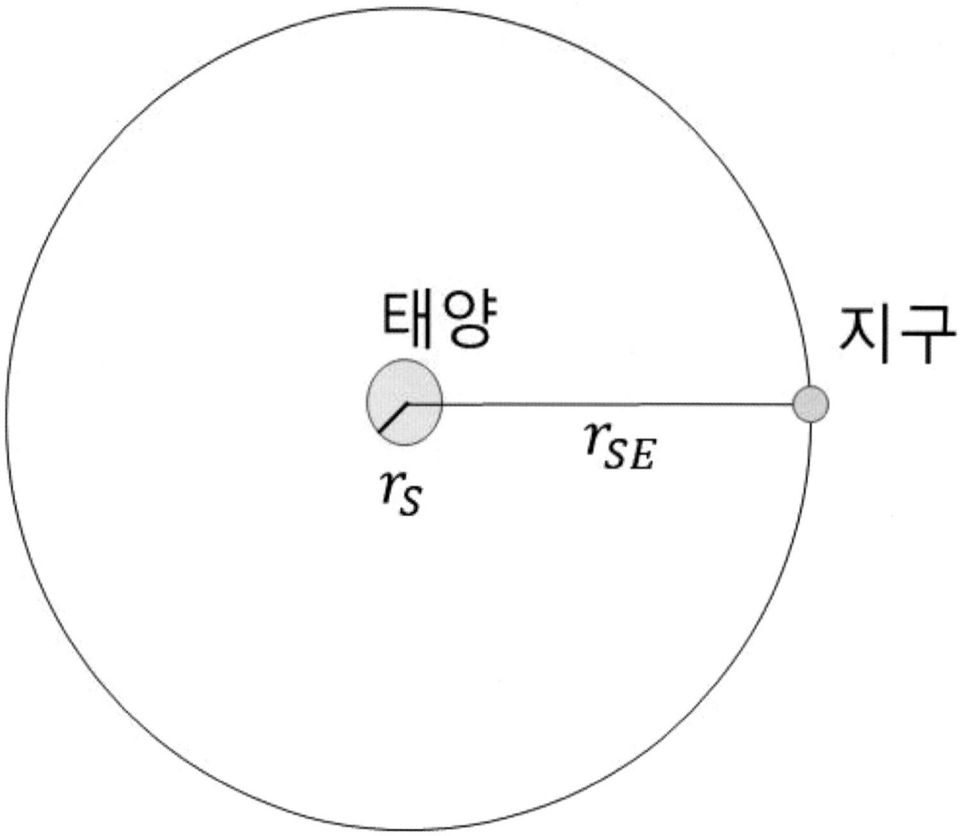

<그림 4-3>

태양과 지구 사이의 거리를 $r_{SE}(1.5\times10^{11}\mathrm{m})$, 태양의 반지름을 $r_S(6.96\times10^{8}\mathrm{m})$, 지구에서 측정했을 때 지구의 단위 면적당 1초에 $1361\mathrm{W/m^2}$(지구의 반지름을 r_E라고 할 때 $4\pi r_E^2$에 수직하게 입사할 때의 에너지양이다)의 태양에너지가 도달한다고 가정한다.

먼저 단위시간, 태양이 방출하는 총 에너지 P_S를 구해보자. 지구와 태양을 잇는 반지름 r_{SE}에 해당하는 구의 표면적에 지구에 도달하는 $1361\mathrm{W/m^2}$의 에너지를 곱하면 된다.

$$\begin{aligned} P_S &= 4\pi(r_{SE})^2\times1361\mathrm{W/m^2} \\ &= 4\pi\times(1.5\times10^{11}\mathrm{m})^2\times1361\mathrm{W/m^2} \\ &= 3.85\times10^{26}\mathrm{W} \quad \cdots\cdots\cdots\cdots <\text{식}\,4-10> \end{aligned}$$

이 된다.

단위시간, 단위면적당 태양의 표면에서 방출하는 에너지(R_S)는 <식 4-10>을 태양의 표면적으로 나누면 된다.

$$R_S = \frac{P_S}{4\pi(r_S)^2} = \frac{3.85\times10^{26}\text{W}}{4\pi(6.96\times10^8\text{m})^2}$$

$$= 6.32\times10^7\text{W/m}^2$$

이 된다.

〈식 4-6〉을 적용하면 $R_S = \sigma T^4$가 되고

$$T = (\frac{R_S}{\sigma})^{\frac{1}{4}} = (\frac{6.32\times10^7\text{W/m}^2}{5.67\times10^{-8}\text{W/m}^2\text{K}^4})^{\frac{1}{4}}$$

$$\approx 5778\text{K}$$

가 된다.

두 번째로 대기가 없는 지구의 표면 온도를 구해보자. 다음 〈그림4-4〉를 생각해 보자.

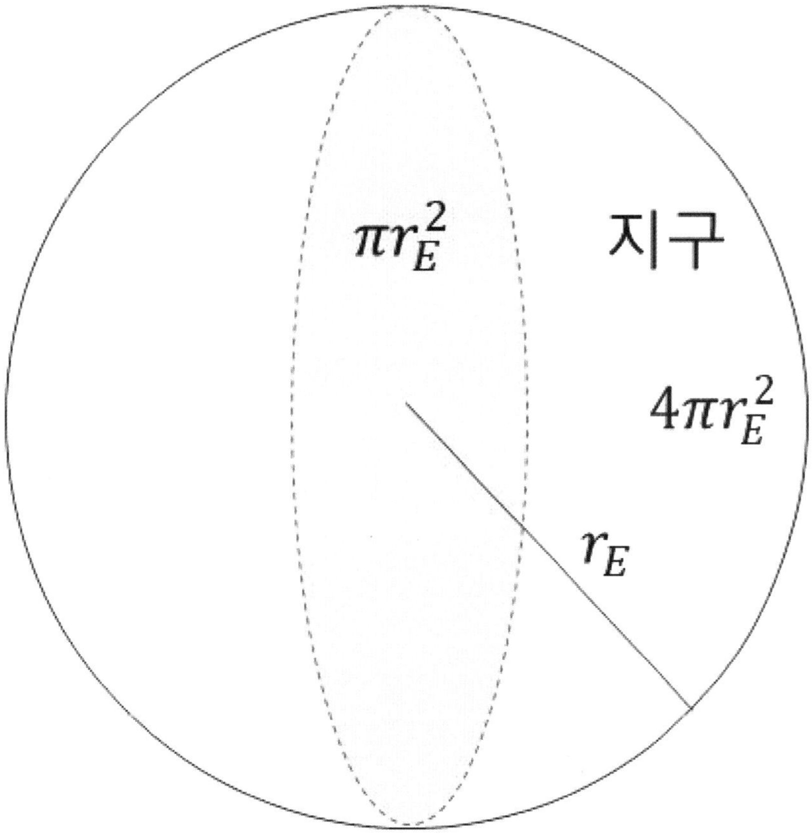

〈그림4-4〉

지구의 반지름 r_E에 해당하는 원면적 πr_E^2에 수직으로 입사할 때의 태양 복사 에너지는 다시 지

구표면 전체가 우주로 방출하는 에너지의 양과 같다. 또한 지구에 도달하는 태양 복사 에너지 중 70%가 지구에 흡수되고 30%는 바로 우주로 반사된다.

지구가 단위시간 단위면적당 방출하는 에너지(R_E)는

$$R_E = 0.7 \times \frac{\pi r_E^2}{4\pi (r_E)^2} \times 1361\mathrm{W/m^2}$$ 이 된다.

〈식 4-6〉을 적용하면 $R_E = \sigma T^4$가 되고

$$T = \left(\frac{R_E}{\sigma}\right)^{\frac{1}{4}} = \left(\frac{\frac{1}{4} \times 0.7 \times 1361\mathrm{W/m^2}}{5.67 \times 10^{-8}\mathrm{W/m^2K^4}}\right)^{\frac{1}{4}}$$

$$\approx 254.58\mathrm{K}(-18^\circ\mathrm{C})$$

가 된다. 실제로 지구의 온도는 대기의 온실효과로 인하여 288K(15 °C)정도 된다.

세 번째로 우주 배경 복사에 해당하는 파장을 구해보자. 이 파장은 온도가 2.7K 흑체가 방출하는 파장과 같으므로 〈식 4-9〉를 적용하면

$$\lambda_{\max} T = 2.898 \times 10^{-3}\mathrm{Km}$$

$$\lambda_{\max} = \frac{2.898 \times 10^{-3}\mathrm{Km}}{T}$$

$$= \frac{2.898 \times 10^{-3}\mathrm{Km}}{2.7\mathrm{K}}$$

$$\approx 1.07 \times 10^{-3}\mathrm{m}$$

$$= 1.07\mathrm{mm}$$

가 된다. 이 파장은 마이크로파 영역에 해당된다.

5장_행성의 회합 주기

태양 둘레를 공전하는 행성들의 공전 주기는 행성이 태양 둘레를 한 바퀴 도는 데 걸리는 시간을 의미한다. 이들 행성들의 공전 주기는 어떻게 구하면 될까?

지구가 공전하는 동안 행성들도 태양의 둘레를 공전하기 때문에 다음 <그림 5-1>처럼 내행성의 경우 내합 또는 외합, 외행성의 경우 합 또는 충이 되는 순간을 이용한다.

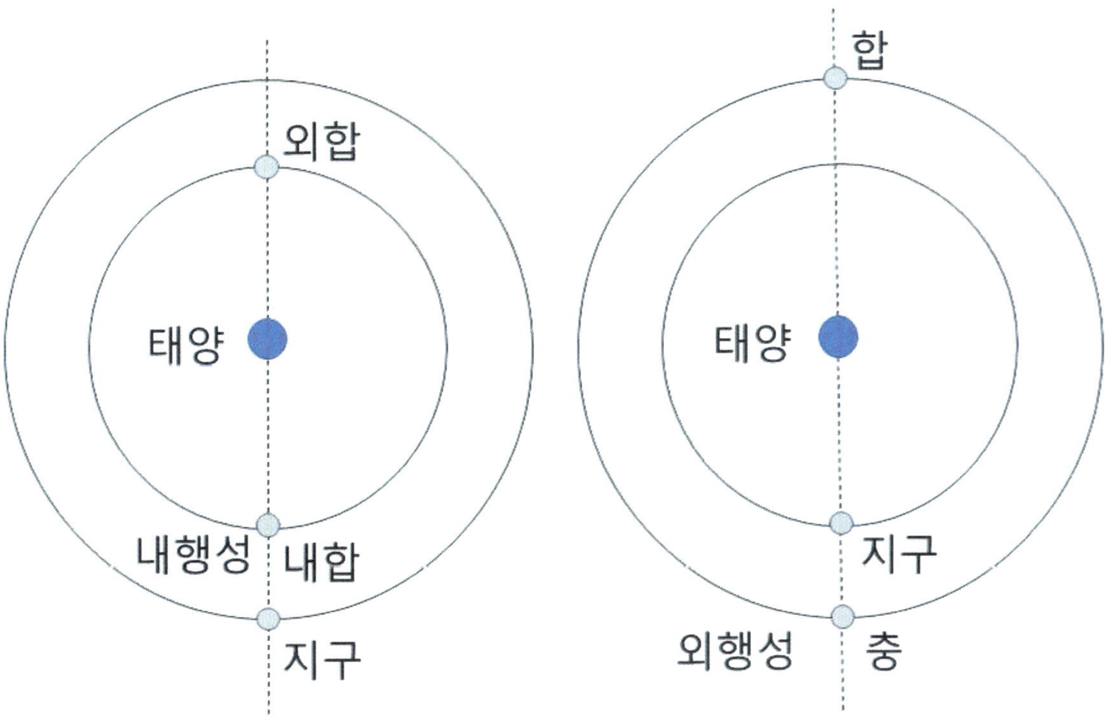

<그림 5-1>

행성들의 공전 궤도는 모두 원 궤도이고 지구의 공전 궤도와 같은 평면에 있다고 가정한다.

1) 내행성의 회합 주기

내행성이 내합(외합)에서 다음 내합(외합)이 되는 순간까지 걸리는 시간인 내행성의 회합 주기를 S, 지구의 공전 주기를 E(365.26일), 내행성의 공전 주기를 P라고 할 때 다음 <그림 5-2>를 생각해 보자

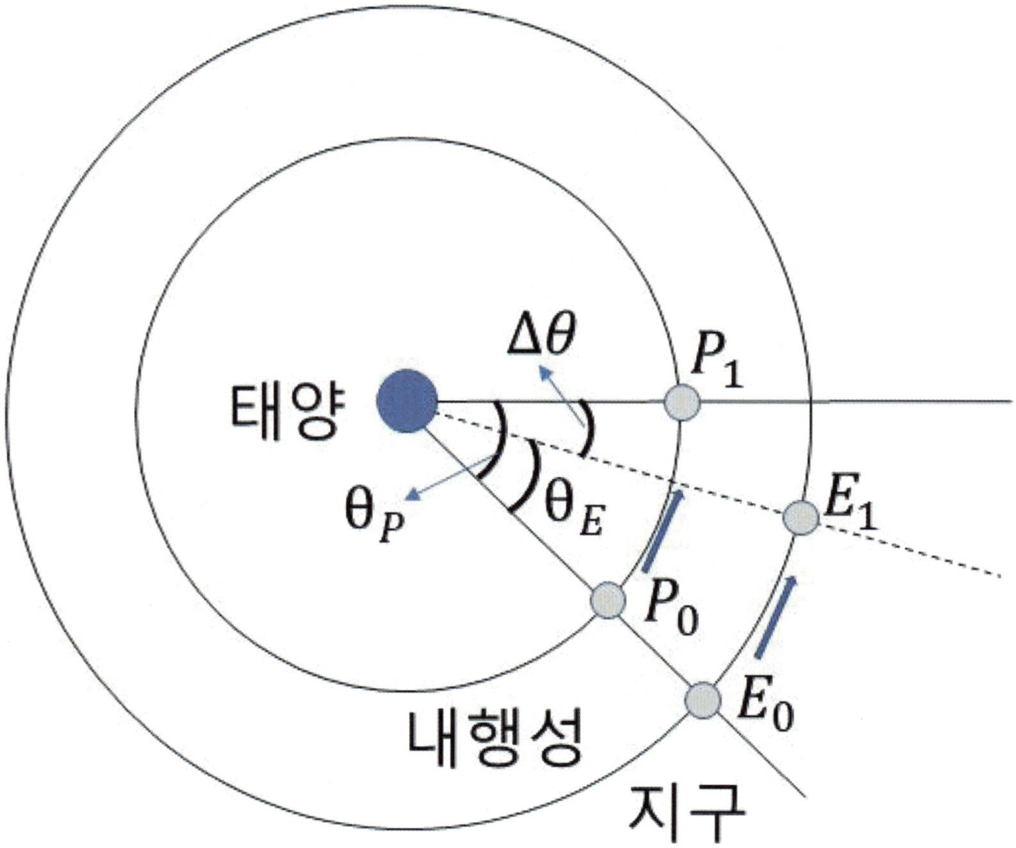

〈그림 5-2〉

내행성과 지구가 내합이 되는 순간 (P_0, E_0)부터 하루 동안 내행성은 공전하여 P_0에서 P_1의 위치로 $\theta_P(\frac{360^\circ}{P})$만큼 이동하고 지구는 E_0에서 E_1의 위치로 $\theta_E(\frac{360^\circ}{E})$만큼 이동하게 된다.

하루 동안 내행성은 지구보다 $\Delta\theta(\frac{360^\circ}{P}-\frac{360^\circ}{E})$만큼 앞서게 된다.

$\Delta\theta$가 누적 되어 360°가 되면 내행성이 다시 내합의 위치로 오게 되고 그때까지 걸린 시간이 회합 주기 S가 된다. 그러므로 다음 식이 성립한다.

$$\Delta\theta \times S = 360^\circ$$

$$(\frac{360^\circ}{P}-\frac{360^\circ}{E}) \times S = 360^\circ$$

$$\frac{1}{S}=\frac{1}{P}-\frac{1}{E} \quad \cdots\cdots\cdots\cdots 〈식\ 5\text{-}1〉$$

이 된다.

2) 외행성의 회합 주기

외행성이 충(합)에서 다음 충(합)이 되는 순간까지 걸리는 시간인 외행성의 회합 주기를 S, 지구의 공전 주기를 E, 외행성의 공전 주기를P라고 할 때 다음 <그림 5-3>을 생각해 보자

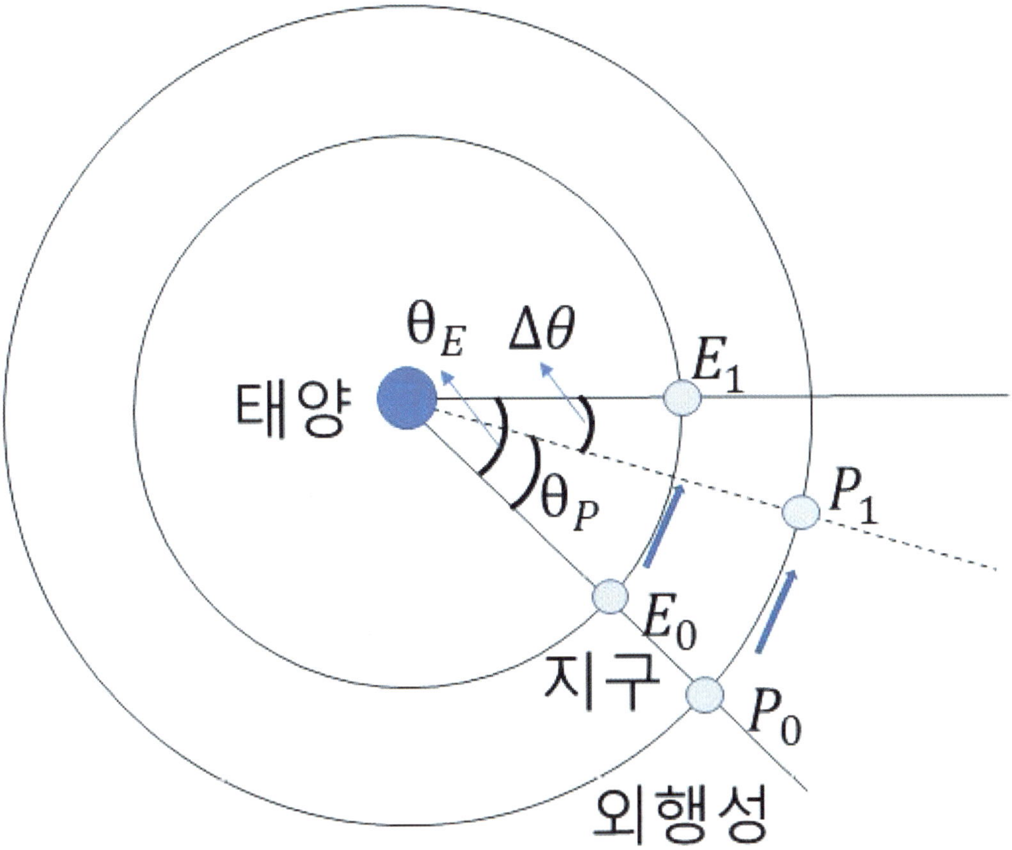

<그림 5-3>

외행성과 지구가 충이 되는 순간 (E_0, P_0)부터 하루 동안 지구는 공전하여 E_0에서 E_1의 위치로 $\theta_E(\frac{360^\circ}{E})$만큼 이동하고 외행성은 P_0에서 P_1의 위치로 $\theta_P(\frac{360^\circ}{P})$만큼 이동하여 하루 동안 지구는 외행성보다 $\triangle\theta(\frac{360^\circ}{E}-\frac{360^\circ}{P})$만큼 앞서게 된다.

$\triangle\theta$가 누적 되어 360°가 되면 외행성이 다시 충의 위치로 오게 되고 그때까지 걸린 시간이 회합 주기 S가 된다. 그러므로 다음 식이 성립한다.

$$\triangle\theta \times S = 360^\circ$$

$$\left(\frac{360^\circ}{E} - \frac{360^\circ}{P}\right) \times S = 360^\circ$$

$$\frac{1}{S} = \frac{1}{E} - \frac{1}{P} \quad \cdots\cdots\cdots\cdots \langle 식\ 5\text{-}2 \rangle$$

이 된다.

내행성인 금성의 경우 회합 주기 $S = 583.92$일 이므로 <식 5-1>을 사용하면

$$\frac{1}{583.92} = \frac{1}{P} - \frac{1}{365.26} \text{에서}$$

$$P = 224.7 \text{일이 된다.}$$

외행성인 화성의 경우 회합 주기 $S = 779.94$일 이므로 <식 5-2>을 사용하면

$$\frac{1}{779.94} = \frac{1}{365.26} - \frac{1}{P} \text{에서}$$

$$P = 686.99 \text{일이 된다.}$$

6장_케플러 법칙

인류는 오랫동안 지구를 중심으로 천체가 회전한다는 지구 중심설을 믿어 왔다. 그러나 케플러는 브라헤가 남긴 자료들을 수학적으로 분석하여 화성뿐만 아니라 다른 행성들도 공전 궤도가 미세하게 일그러져 있음을 알고 '모든 행성들은 태양을 한 초점으로 하는 타원궤도로 공전한다.' 는 타원궤도의 법칙을 발표하였다.

케플러 제 1법칙(타원 궤도 법칙), 케플러 제 2법칙(면적 속도 일정 법칙), 케플러 제 3법칙(조화법칙)에 대해 알아보자

1. 타원 궤도 법칙

케플러 제 1법칙(타원 궤도 법칙)에서 타원 궤도란 어떤 궤도를 의미하는가? 먼저 다음 <그림 6-1>과 같은 타원을 생각해 보자.

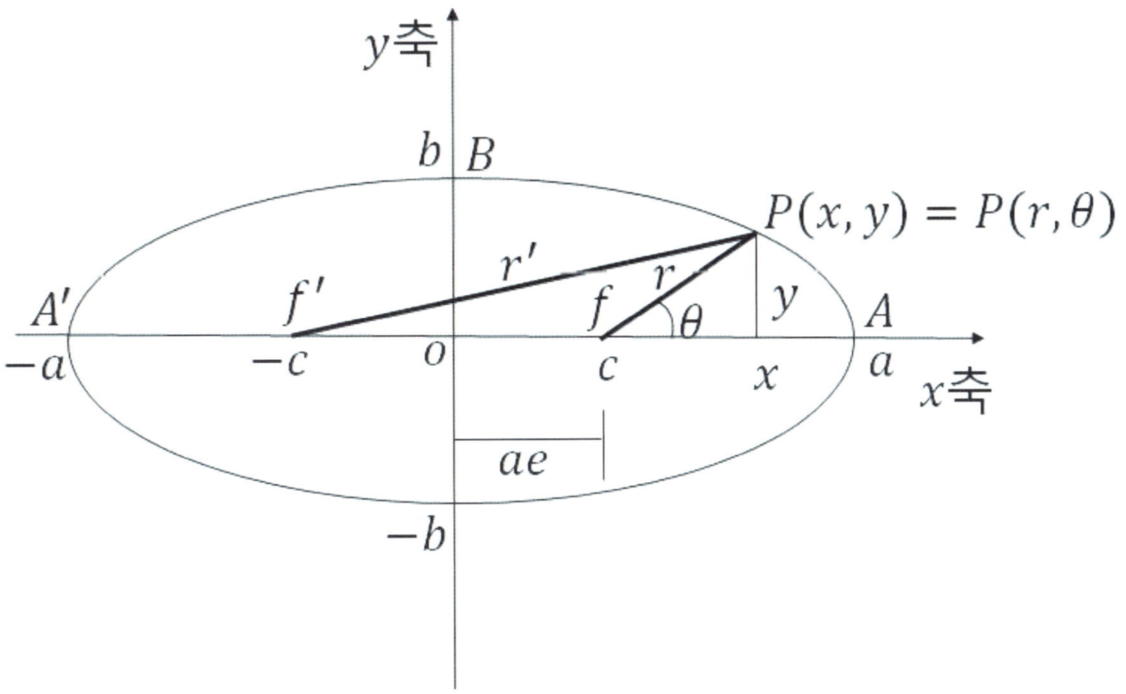

<그림 6-1>

<그림 6-1>에서 $r+r'=2a$(일정)가 되는 점들의 자취가 타원이 된다. 초점 f(태양 위치), 근일점은 A, 원일점은 A', 장축의 반지름 a, 단축의 반지름 b, 이심률은 $e=\sqrt{1-\frac{b^2}{a^2}}$, 중심 O와 초점 f 사이의 거리는 ae이다.

$\triangle f'xP$와 $\triangle fxP$에서 피타고라스의 정리를 사용하면

$$(r')^2 = (x+ae)^2 + y^2 \quad \cdots\cdots\cdots\cdots \langle 식\ 6\text{-}1\rangle$$

$$r^2 = (x-ae)^2 + y^2 \quad \cdots\cdots\cdots\cdots \langle 식\ 6\text{-}2\rangle$$

이 되고 두 식의 차를 구하면 $(r')^2 - r^2 = 4aex$이고 $r = 2a - r'$를 대입하면

$$(r')^2 - (2a-r')^2 = 4aex$$

$$r' = a + ex \quad \cdots\cdots\cdots\cdots \langle 식\ 6\text{-}3\rangle$$

가 된다. <식 6-3>을 <식 6-1>에 대입하면

$$(a+ex)^2 = (x+ae)^2 + y^2$$

$a^2 - a^2e^2 = (1-e^2)x^2 + y^2$이 되고 $e = \sqrt{1-\frac{b^2}{a^2}}$를 식에 대입하면

$$b^2 = \frac{b^2}{a^2}x^2 + y^2$$

$$\frac{x^2}{a^2} + \frac{y^2}{b^2} = 1 \quad \cdots\cdots\cdots\cdots \langle 식\ 6\text{-}4\rangle$$

이 된다. <식 6-4>는 타원의 방정식이다.

<그림 6-1>에서 태양과 행성간의 거리r과 θ는 어떤 관계식이 성립할까?
$\triangle f'Pf$에서 코사인 법칙을 적용하면

$$(r')^2 = r^2 + (2ae)^2 - 2\times r\times 2ae\times\cos(\pi-\theta)$$

$(2a-r)^2 = r^2 + (2ae)^2 + 2\times r\times 2ae\times\cos(\theta)$가 되고 식을 정리하면

$$r = \frac{a(1-e^2)}{1+e\cos\theta} \quad \cdots\cdots\cdots\cdots \langle 식\ 6\text{-}5\rangle$$

이 된다. 행성이 태양에 가장 가까이 즉 근일점은 A에 있을 때 $\cos\theta = \cos 0^\circ = 1$이므로 〈식 6-5〉는

$$r_{근} = \frac{a(1-e^2)}{1+e\times 1} = a(1-e)$$

행성이 태양에 가장 멀리 즉 원일점은 A'에 있을 때 $\cos\theta = \cos 180^\circ = -1$이므로 〈식 6-5〉는

$$r_{원} = \frac{a(1-e^2)}{1+e\times(-1)} = a(1+e)$$

가 된다. θ가 0°에서 π까지 증가 할수록 태양과 행성간의 거리 r은 커진다. 즉 행성은 태양에서 점점 멀어진다.

2. 유효 퍼텐셜(Effective potential)을 이용하여 행성의 궤도를 추정해 보자

2차원 평면에서 〈그림 6-2〉와 같이 행성(m)이 항성 (M)을 중심으로 운동하고 있다고 생각해 보

자($M \gg m$).

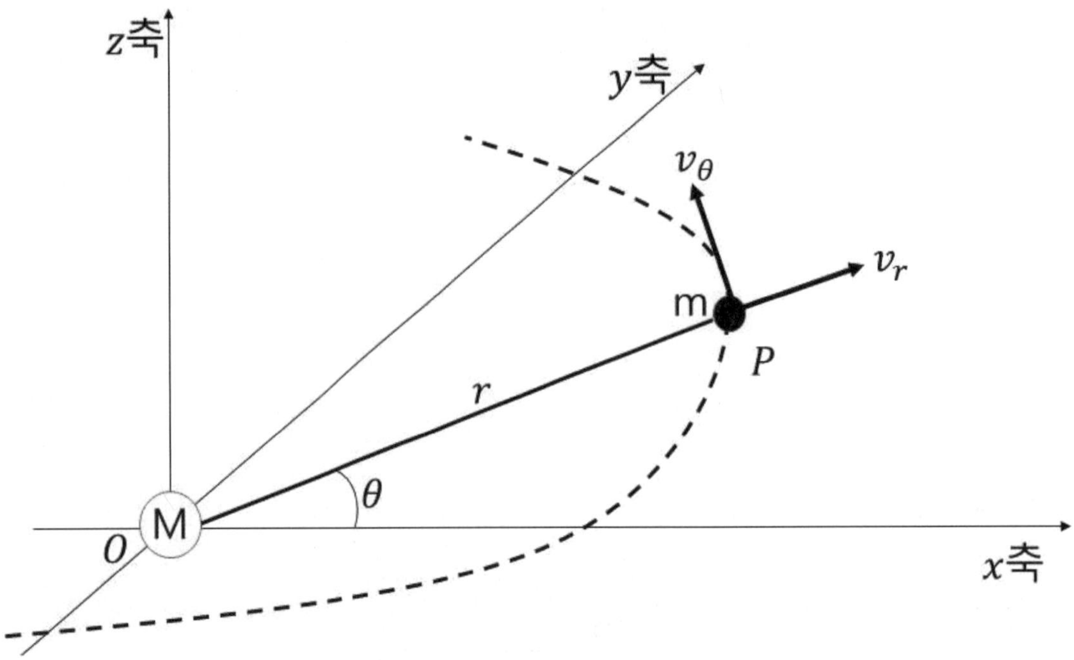

〈그림 6-2〉

P점에서는 중심에서 r방향으로의 속도 성분 $\dot{r}=\dfrac{dr}{dt}$, θ방향으로의 속도 성분 $\dot{\theta}=\dfrac{d\theta}{dt}$ 두 가지가 있으므로 $\dot{r}, \dot{\theta}$에 해당하는 운동에너지 T_K는 $T_K=\dfrac{1}{2}m(\dot{r}^2+r^2\dot{\theta}^2)$이 되고 r방향으로의 퍼텐셜 에너지를 $V(r)$이라고 하자.

라그랑지언(Lagrangian) L을 도입하면 $L=T-V$이므로

$$L=\frac{1}{2}m(\dot{r}^2+r^2\dot{\theta}^2)-V(r) \quad \cdots\cdots\cdots\cdots \text{〈식 6-6〉}$$

이 된다.

오일러-라그랑주(Euler-Lagrange) 방정식을 도입하면

$$\frac{\partial L}{\partial r}-\frac{d}{dt}\left(\frac{\partial L}{\partial \dot{r}}\right)=0\text{과 } \frac{\partial L}{\partial \theta}-\frac{d}{dt}\left(\frac{\partial L}{\partial \dot{\theta}}\right)=0$$

이고 이식에 〈식 6-6〉을 대입하면

$$mr\dot{\theta}^2 - \frac{dV(r)}{dr} - \frac{d(m\dot{r})}{dt} = 0,\ \ 0 - \frac{d(mr^2\dot{\theta})}{dt} = 0$$

$$m\ddot{r} = mr\dot{\theta}^2 - V'(r)[V'(r) = \frac{dV(r)}{dr}] \ \cdots\cdots\cdots\cdots \langle 식\ 6\text{-}7\rangle$$

$$\frac{d(mr^2\dot{\theta})}{dt} = \frac{dL_z}{dt} = 0 \ \cdots\cdots\cdots\cdots \langle 식\ 6\text{-}8\rangle$$

이 된다. <식 6-8>에서 $L_z = mr^2\dot{\theta} = r \times mr\dot{\theta} = r \times p$는 각운동량으로 <그림 6-2>에서 행성이 xy평면에서 운동하므로 z축 방향의 운동량 L_z은 보존된다.

또한 총에너지 E는 $\sum_{\dot{q}_i(\dot{r},\dot{\theta})} \dot{q}_i \frac{\partial L}{\partial \dot{q}} - L$이므로

$$E = \dot{r}\frac{\partial L}{\partial \dot{r}} + \dot{\theta}\frac{\partial L}{\partial \dot{\theta}} - L$$

$$= \dot{r}(m\dot{r}) + \dot{\theta}(mr^2\dot{\theta}) - (\frac{1}{2}m\dot{r}^2 + \frac{1}{2}mr^2\dot{\theta}^2 - V(r))$$

$$= \frac{1}{2}m\dot{r}^2 + \frac{L_z^2}{2mr^2} + V(r) \ \cdots\cdots\cdots\cdots < 식 6-9 >$$

가 된다. <식 6-9>에서 $\frac{L_z^2}{2mr^2} + V(r)$을 유효 퍼텐셜 V_{eff}이라고 한다.

<그림 6-2>에서 행성이 움직이는 궤도를 알려면 r과 θ의 관계 즉, $r(\theta)$를 구하면 행성의 궤도를 알 수 있다.

<식 6-9>를 다시 쓰면

$$\dot{r}^2 = \frac{2}{m}(E - V(r) - \frac{L_z^2}{2mr^2}) \ \cdots\cdots\cdots\cdots \langle 식\ 6\text{-}10\rangle$$

이 된다. $L_z = mr^2\dot{\theta}$는 $\dot{\theta} = \frac{d\theta}{dt} = \frac{L_z}{mr^2}$이므로 $dt = \frac{mr^2}{L_z}d\theta$를 <식 6-10>에 대입하면

$$\left(\frac{dr}{\frac{mr^2}{L_Z}d\theta}\right)^2 = \frac{2}{m}\left(E - V(r) - \frac{L_z^2}{2mr^2}\right)$$

$$\left(\frac{1}{r^2}\frac{dr}{d\theta}\right)^2 = \frac{2mE}{L_z^2} - \frac{2m}{L_z^2}V(r) - \frac{1}{r^2} \quad \cdots\cdots\cdots\cdots \langle 식\ 6\text{-}11\rangle$$

이 된다. <식 6-11>이 $r(\theta)$에 관한 식이 된다.

<그림 6-2>에서 중심 O에 질량 M인 항성이 있고 거리 r에 질량 m인 행성이 있을 때 퍼텐셜 에너지 $V(r)$은

$$V(r) = -\frac{GMm}{r} = -\frac{\alpha}{r} \,(G\text{: 중력상수, } \alpha = GMm)$$

가 되고 <식 6-11>은

$$\left(\frac{1}{r^2}\frac{dr}{d\theta}\right)^2 = \frac{2mE}{L_z^2} + \frac{2m}{L_z^2}\frac{\alpha}{r} - \frac{1}{r^2} \quad \cdots\cdots\cdots\cdots \langle 식\ 6\text{-}12\rangle$$

이 된다. $r(\theta)$에 관한 식을 얻기 위해서는 <식 6-12>를 풀면 된다. 먼저 $x = \frac{1}{r}$로 두고 이를 θ에 대해 미분하면 $\frac{dx}{d\theta} = -\frac{1}{r^2}\frac{dr}{d\theta}$가 되고 이를 <식 6-12>에 대입한다.

$$\begin{aligned}\left(\frac{dx}{d\theta}\right)^2 &= \frac{2mE}{L_z^2} + \frac{2m}{L_z^2}\alpha x - x^2 \\ &= -\left(x - \frac{m\alpha}{L_z^2}\right)^2 + \frac{m^2\alpha^2}{L_z^4} + \frac{2mE}{L_z^2} \\ &= -\left(x - \frac{m\alpha}{L_z^2}\right)^2 + \left(\frac{m\alpha}{L_z^2}\right)^2\left(1 + \frac{2EL_z^2}{m\alpha^2}\right) \quad \cdots\cdots\cdots\cdots \langle 식 6-13\rangle\end{aligned}$$

이 된다. $Z = x - \frac{m\alpha}{L_z^2}$, $B^2 = \left(\frac{m\alpha}{L_z^2}\right)^2\left(1 + \frac{2EL_z^2}{m\alpha^2}\right)$라 두면 <식 6-13>은

$$(\frac{dZ}{d\theta})^2 = B^2 - Z^2 \Rightarrow \frac{dZ}{d\theta} = \sqrt{B^2 - Z^2}\,(d\theta = \frac{dZ}{\sqrt{B^2 - Z^2}}) \quad \cdots\cdots\cdots\cdots \langle 식\ 6\text{-}14 \rangle$$

가 된다. $Z = B\cos y(dZ = -B\sin y dy)$로 두고 <식 6-14>를 풀면

$$d\theta = -\frac{B\sin y dy}{\sqrt{B^2 - B^2\cos^2 y}} = -dy$$

$y = -\theta + \theta_0 \Rightarrow y = \cos^{-1}(\frac{Z}{B})$가 되고 $\theta_0 = 0$으로 두면

$$Z = B\cos(-\theta) = B\cos\theta$$

가 된다. 그러므로

$$Z = B\cos\theta \Rightarrow (x - \frac{m\alpha}{L_z^2}) = \frac{m\alpha}{L_z^2}\sqrt{1 + \frac{2EL_z}{m\alpha^2}}\cos\theta$$

$$(\frac{1}{r} - \frac{m\alpha}{L_z^2}) = \frac{m\alpha}{L_z^2}\sqrt{1 + \frac{2EL_z}{m\alpha^2}}\cos\theta$$

$$\frac{1}{r} = \frac{m\alpha}{L_z^2}(1 + \epsilon\cos\theta)(\epsilon = \sqrt{1 + \frac{2EL_z}{m\alpha^2}}) \quad \cdots\cdots\cdots\cdots \langle 식\ 6\text{-}15 \rangle$$

가 된다. <식 6-15>식이 $r(\theta)$의 식이 되며 ϵ는 이심률이다.

퍼텐셜 에너지가 $V(r) = -\frac{GMm}{r} = -\frac{\alpha}{r}$일 때 유효 퍼텐셜 에너지 V_{eff}는 $V_{eff} = \frac{L_z^2}{2mr^2} - \frac{\alpha}{r}$이므로 이를 그래프로 그려보면 <그림 6-3>과 같다.

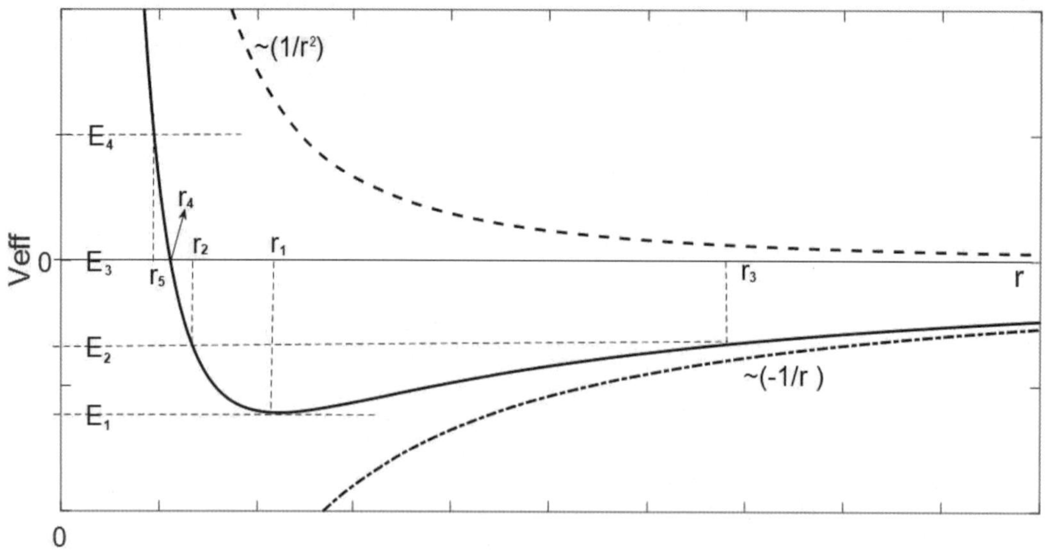

〈그림 6-3〉

가. 원 궤도

〈식 6-15〉에서 $\epsilon=0$일 때를 살펴보자. 〈그림 6-3〉에서 $\frac{dV_{eff}}{dr}=0$인 지점 $r=r_1(r_1=\frac{L_z^2}{m\alpha})$ 지점에서의 〈식 6-9〉에서 총 에너지 E는

$$E=\frac{1}{2}m\dot{r}^2+\frac{L_z^2}{2m(\frac{L_z^2}{m\alpha})^2}-\frac{\alpha}{(\frac{L_z^2}{m\alpha})}$$

$$=\frac{1}{2}m\dot{r}^2-\frac{1}{2}\frac{m\alpha^2}{L_z^2}$$

이 되고 $E=E_1$이면 즉, $E_1=-\frac{1}{2}\frac{m\alpha^2}{L_z^2}$이면 $\frac{1}{2}m\dot{r}^2=0$이 되어야 하고 이는 r방향으로의 속도 $\dot{r}$이 0이 되는 것을 말하고 행성은 θ방향으로의 속도 $\dot{\theta}$만 가지고 $r=r_1$을 반지름으로 하는 원운동을 함을 말한다.

원운동을 하는 행성의 운동 궤적을 식으로 나타내면 다음과 같다.

$$\frac{1}{r}=\frac{m\alpha}{L_z^2}(1+\epsilon\cos\theta)\text{가 되고 } k=\frac{L_z^2}{m\alpha}\text{로 두면}$$

$$\frac{1}{r}=\frac{1}{k}(1+\epsilon\cos\theta)\Rightarrow k=r(1+\epsilon\cos\theta)$$

$$r^2=(k-\epsilon x)^2$$

이고 $x=r\cos\theta$, $y=r\sin\theta$, $x^2+y^2=r^2$을 사용하면

$$x^2+y^2=k^2-2k\epsilon x+\epsilon^2x^2 \quad \cdots\cdots\cdots\cdots〈식\ 6\text{-}16〉$$

이고 $\epsilon=0$ 대입하면

$$x^2+y^2=k^2$$

인 원의 방정식이 된다.

나. 타원 궤도

〈식 6-15〉에서 ϵ이 $0<\epsilon<1$이면

$$0<\sqrt{1+\frac{2EL_z}{m\alpha^2}}<1 \ \Rightarrow\ -1<\frac{2EL_z^2}{m\alpha^2}<0 \ \Rightarrow\ -\frac{m\alpha^2}{2L_z^2}<E<0$$

가 되고 〈그림 6-3〉에서 $E=E_2$일 때를 나타낸다.

〈그림 6-3〉에서 행성은 항성에 가장 가까운 거리 r_2와 가장 먼 거리 r_3 사이에서 타원 궤도 운동을 한다.

타원운동 하는 행성의 운동 궤적을 식으로 나타내면 다음과 같다.

〈식 6-16〉을 다시 쓰면

$$x^2-\epsilon^2x^2+2k\epsilon x+y^2=k^2$$

$$(1-\epsilon^2)x^2+2k\epsilon x+y^2=k^2$$

$$(1-\epsilon^2)\left(x^2+\frac{2k\epsilon}{1-\epsilon^2}x\right)+y^2=k^2$$

$$(1-\epsilon^2)(x+\frac{k\epsilon}{1-\epsilon^2})^2+y^2=k^2+\frac{k^2\epsilon^2}{(1-\epsilon^2)}=\frac{k^2}{1-\epsilon^2} \quad \cdots\cdots\cdots\cdots \langle 식\ 6\text{-}17\rangle$$

이 된다. $a=\frac{k}{1-\epsilon^2}, b=\frac{k}{\sqrt{1-\epsilon^2}}$으로 두고 $\frac{k^2}{1-\epsilon^2}$으로 〈식 6-17〉을 양변에 나누면

$$\frac{(x+\frac{k\epsilon}{1-\epsilon^2})^2}{a^2}+\frac{y^2}{b^2}=1$$

인 타원의 방정식이 된다.

다. 포물선 궤도

〈식 6-15〉에서 $\epsilon=1$이면 즉 $E=0$는 〈그림 6-3〉에서 E_3에 해당하는 것이므로 행성은 항성에 가장 가까운 거리 $r=r_4$인 지점까지 왔다가 $r=\infty$인 지점으로 운동함을 의미한다.

〈식 6-16〉을 다시 쓰면

$$x^2+y^2=k^2-2kx+x^2$$

$$y^2=k^2-2kx \Rightarrow x=-\frac{1}{2k}y^2+\frac{k}{2}$$

인 포물선의 방정식이 된다.

라. 쌍곡선 궤도

〈식 6-15〉에서 $\epsilon>1$이면 즉 $E>0$는 〈그림 6-3〉에서 E_4에 해당하는 것이므로 행성은 항성에 가장 가까운 거리 $r=r_5$인 지점까지 왔다가 $r=\infty$인 지점으로 운동함을 의미한다.

〈식 6-16〉을 다시 쓰면

$$x^2 - \epsilon^2 x^2 + 2k\epsilon x + y^2 = k^2$$

$$(\epsilon^2 - 1)(x^2 - \frac{2k\epsilon}{\epsilon^2 - 1}x) - y^2 = -k^2$$

$$(\epsilon^2 - 1)(x - \frac{k\epsilon}{\epsilon^2 - 1})^2 - y^2 = -k^2 + \frac{k^2\epsilon^2}{\epsilon^2 - 1} = \frac{k^2}{\epsilon^2 - 1} \quad \cdots\cdots\cdots\cdots < 식6-18 >$$

이 된다. $a = \frac{k}{\epsilon^2 - 1}, b = \frac{k}{\sqrt{\epsilon^2 - 1}}$으로 두고 $\frac{k^2}{\epsilon^2 - 1}$으로 <식 6-18>을 양변에 나누면

$$\frac{(x - \frac{k\epsilon}{\epsilon^2 - 1})^2}{a^2} - \frac{y^2}{b^2} = 1$$

인 쌍곡선의 방정식이 된다.

3. 면적 속도 일정의 법칙

〈그림 6-4〉에서 질량 M인 항성 둘레를 회전하는, 질량이 m물체가 거리 r만큼 떨어진 P_0의 위치로부터 dt만큼의 시간이 지난 후 P위치에 있다고 생각해 보자.

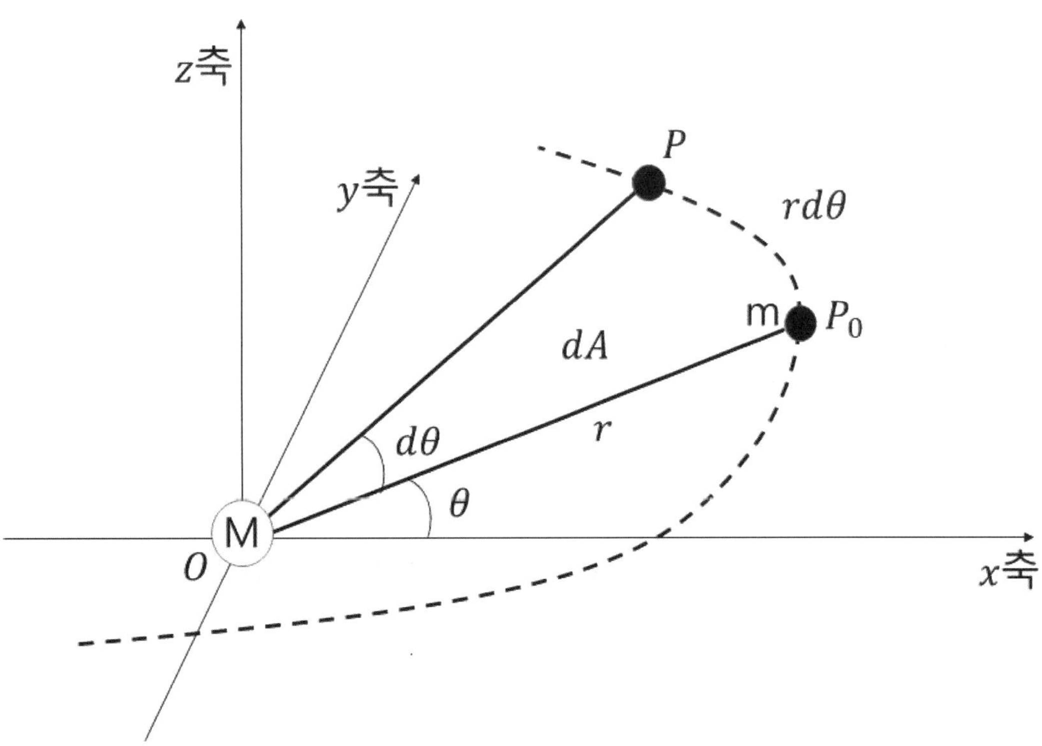

〈그림 6-4〉

이 때 M과 m을 잇는 r이 쓸고 지나간 면적은 부채꼴 모양의 면직 dA가 된다. 호의 길이가 $rd\theta$ 이므로

$$dA = \frac{1}{2} \times r \times rd\theta = \frac{1}{2} r^2 d\theta \quad \cdots\cdots\cdots\cdots \langle 식\ 6\text{-}19 \rangle$$

가 된다. <식 6-19>를 dt로 나누면

$$\frac{dA}{dt} = \frac{1}{2} r^2 \frac{d\theta}{dt} = \frac{1}{2} r^2 \dot{\theta}$$

이 된다. 식을 조금 변형하면

$$\frac{dA}{dt} = \frac{m}{2m} r^2 \dot{\theta}$$

이고 $L_z = mr^2\dot{\theta}$을 사용하면

$$\frac{dA}{dt} = \frac{L_z}{2m} \quad \cdots\cdots\cdots\cdots \langle 식\ 6\text{-}20 \rangle$$

가 된다. <식 6-20>은 시간당 면적 변화량이 일정함을 나타내므로 이를 케플러 제 2법칙 즉, 면적 속도 일정의 법칙이라고 한다.

4. 조화의 법칙

<그림 6-5>에서 질량 M인 항성 둘레를 회전하는 질량이 m인 물체의 주기가 T이면 M과 m을 잇는 r이 쓸고 지나간 면적은 T동안 A가 된다.

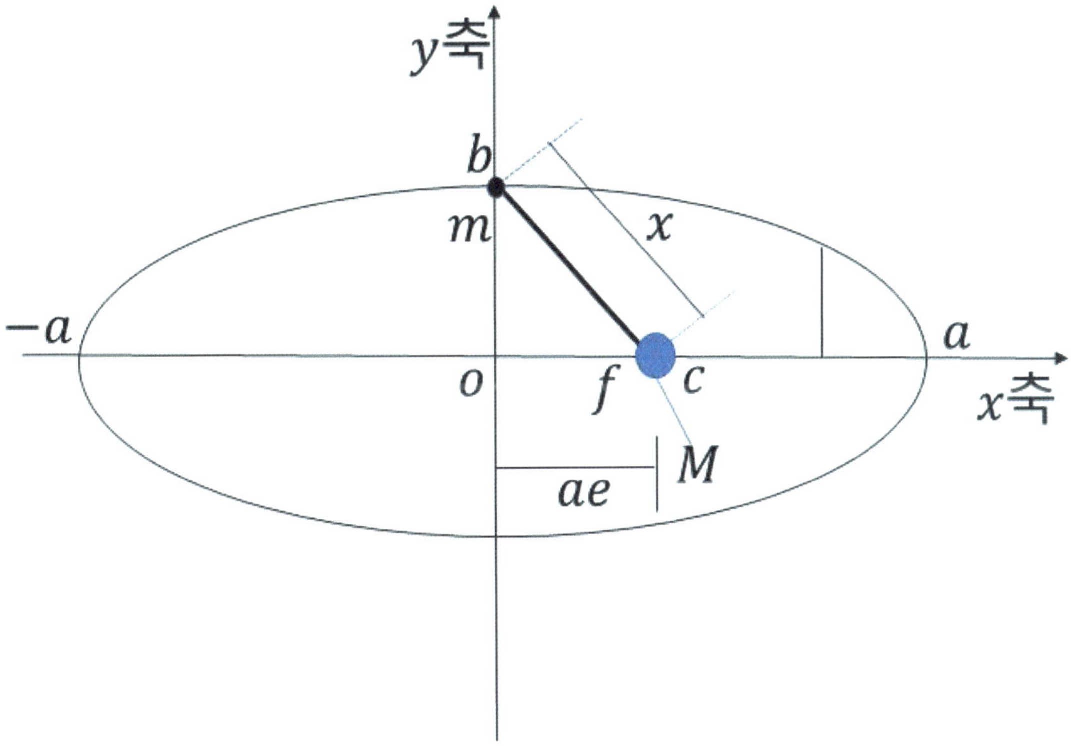

〈그림 6-5〉

$$A = \int dA = \int_0^T \frac{L_z}{2m} dt$$

이고 행성의 궤도가 타원이므로 타원의 면적 $A = \pi ab$를 사용하면

$$A = \frac{L_z}{2m} T = \pi ab \quad \cdots\cdots \text{〈식 6-21〉}$$

가 된다.

〈그림 6-5〉에서 $x = a, c = a\epsilon, x^2 = b^2 + c^2$의 관계를 사용하면

$$b^2 = a^2 - c^2 = a^2(1-\epsilon^2)$$

$$b = a\sqrt{1-\epsilon^2}$$

이 되고 이를 〈식 6-21〉에 대입하면

$$A = \frac{L_z}{2m} T = \pi a \times a\sqrt{1-\epsilon^2} \quad \cdots\cdots\cdots\cdots \text{〈식 6-22〉}$$

이 된다. <식 6-22>를 제곱하고 식을 정리하면

$$\pi^2 a^4 = \frac{L_z^2 T^2}{4m^2} \frac{1}{1-\epsilon^2}$$

이 되고 $L_z^2 = m\alpha k$를 사용하면

$$\pi^2 a^4 = \frac{T^2}{4m} \frac{\alpha k}{1-\epsilon^2}$$

가 되고 $a = \dfrac{k}{1-\epsilon^2}$, $\alpha = GMm$을 사용하면

$$\pi^2 a^4 = \frac{GM}{4} a T^2$$

가 되고 식을 정리하면

$$T^2 = \frac{4\pi^2}{GM} a^3 \quad \cdots\cdots\cdots\cdots \text{<식 6-23>}$$

이 된다. <식 6-23>은 행성의 주기의 제곱이 장축의 세제곱에 비례하는 케플러 제 3법칙 즉 조화의 법칙이라고 한다.

5. 행성의 궤도 속도

행성이 타원 궤도를 돌고 있을 때 행성의 속도의 크기는 어떻게 될까? 먼저 <그림 6-6>과 같이 초점에서 거리 r만큼 떨어진 행성을 생각해 보자.

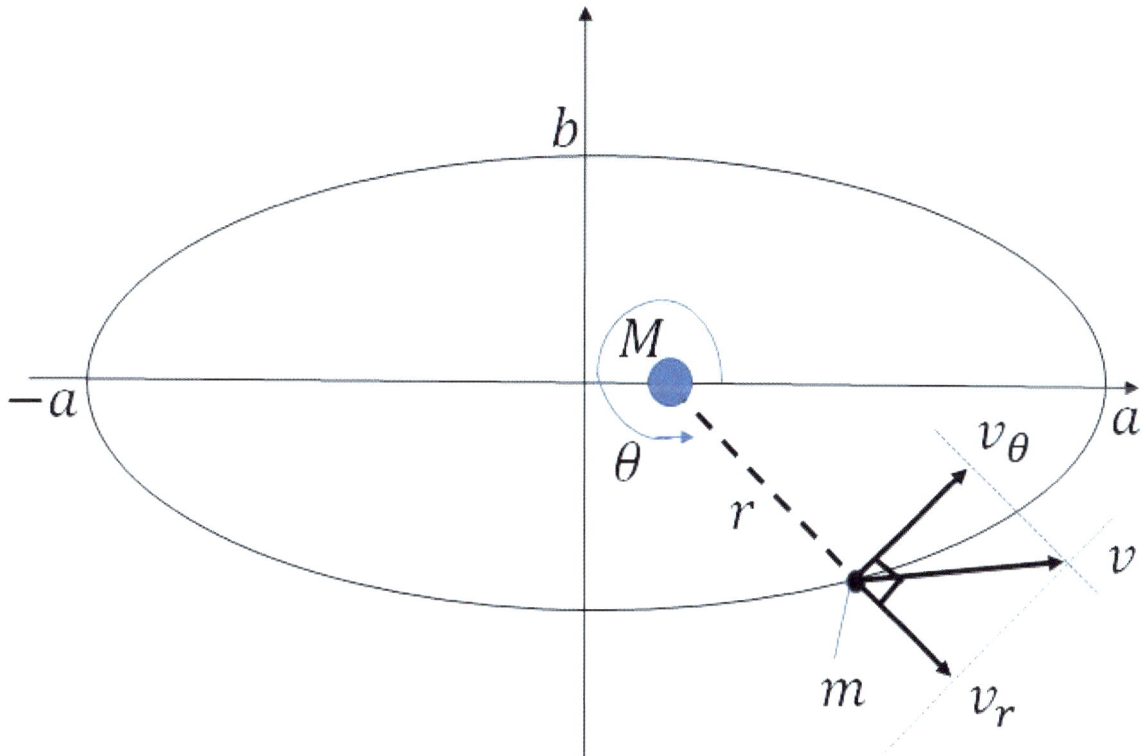

<그림 6-6>

v는 궤도 속도, v_r은 시선 속도, v_θ는 v_r에 수직한 각속도를 나타낸다. 장축의 반지름 a, 단축의 반지름 b, 이심률이 e이면 다음과 같은 식이 성립한다.

$$b = a(1-e^2)^{\frac{1}{2}} \quad \cdots\cdots\cdots\cdots \text{<식 6-24>}$$

$$r = \frac{a(1-e^2)}{1+e\cos\theta} \quad \cdots\cdots\cdots\cdots \text{<식 6-25>}$$

$$\frac{dr}{d\theta} = \frac{a(1-e^2)e\sin\theta}{(1+e\cos\theta)^2} \quad \cdots\cdots\cdots\cdots \text{<식 6-26>}$$

<식 6-26>은 r을 θ에 대해 미분한 것이다.

시선 속도 v_r은

$$v_r = \frac{dr}{dt} = \frac{dr}{d\theta}\frac{d\theta}{dt} \quad \cdots\cdots\cdots\cdots \text{<식 6-27>}$$

이고 $\dfrac{dr}{d\theta}$는 <식 6-26>식을 사용하면 되고 $\dfrac{d\theta}{dt}$를 구해서 대입하면 v_r을 구할 수 있다.

<식 6-20>에서

$$\frac{dA}{dt}=\frac{L_z}{2m}=\frac{mr^2\dot{\theta}}{2m}$$

$$r^2\dot{\theta}=2\frac{dA}{dt}$$

가 되고 $\dfrac{dA}{dt}$는 면적 속도 일정의 법칙에 따라 $\dfrac{dA}{dt}=\dfrac{\pi ab}{T}$가 되고 $\dot{\theta}=\dfrac{d\theta}{dt}$를 사용하면

$$\frac{d\theta}{dt}=2\frac{\pi ab}{T}\frac{1}{r^2} \quad \cdots\cdots\cdots\cdots \text{<식 6-28>}$$

이 된다. <식 6-24>를 <식 6-28>에 대입하면

$$\frac{d\theta}{dt}=2\frac{\pi a}{T}\frac{a(1-e^2)^{\frac{1}{2}}}{r^2}=\frac{2\pi}{T}(\frac{a}{r})^2(1-e^2)^{\frac{1}{2}} \quad \cdots\cdots\cdots\cdots \text{<식 6-29>}$$

이 된다. <식 6-26>과 <식 6-29>를 <식 6-27>에 대입하면

$$v_r=\frac{a(1-e^2)e\sin\theta}{(1+e\cos\theta)^2}\frac{2\pi}{T}(\frac{a}{r})^2(1-e^2)^{\frac{1}{2}}$$

$$=\frac{2\pi a}{T}\frac{1}{r^2}\frac{a^2(1-e^2)^2}{(1+e\cos\theta)^2}(1-e^2)^{-\frac{1}{2}}e\sin\theta \quad \cdots\cdots\cdots\cdots \text{<식 6-30>}$$

가 된다. <식 6-25>를 <식 6-30>에 적용하면

$$v_r=\frac{2\pi a}{T}(1-e^2)^{-\frac{1}{2}}e\sin\theta \quad \cdots\cdots\cdots\cdots \text{<식 6-31>}$$

가 되고 이 속도가 시선 속도이다.

각속도 v_θ는

$$v_\theta = r\frac{d\theta}{dt} \quad \cdots\cdots\cdots\cdots\langle 식\ 6\text{-}32\rangle$$

이므로 〈식 6-29〉를 〈식 6-32〉에 대입하면

$$v_\theta = \frac{2\pi}{T}(\frac{a}{r})^2(1-e^2)^{\frac{1}{2}}$$

$$= \frac{2\pi a}{T}\frac{1}{r}a(1-e^2)^{\frac{1}{2}} \quad \cdots\cdots\cdots\cdots < 식 6-33 >$$

이 되고 〈식 6-25〉를 〈식 6-33〉에 대입하여 정리하면

$$v_\theta = \frac{2\pi a}{T}\frac{(1+e\cos\theta)}{a(1-e^2)}a(1-e^2)^{\frac{1}{2}}$$

$$= \frac{2\pi a}{T}(1+e\cos\theta)(1-e^2)^{-\frac{1}{2}} \quad \cdots\cdots\cdots\cdots < 식 6-34 >$$

이 된다.

궤도 속도 v는 〈그림 6-6〉에서

$$v^2 = v_r^2 + v_\theta^2 \quad \cdots\cdots\cdots\cdots\langle 식\ 6\text{-}35\rangle$$

이므로 〈식 6-34〉와 〈식 6-31〉을 〈식 6-35〉에 대입하면

$$v^2 = (\frac{2\pi a}{T})^2\frac{e^2\sin^2\theta}{(1-e^2)} + (\frac{2\pi a}{T})^2\frac{(1+2e\cos\theta + e^2\cos^2\theta)}{(1-e^2)}$$

$$= (\frac{2\pi a}{T})^2\frac{(1+2e\cos\theta + e^2)}{(1-e^2)} \quad \cdots\cdots\cdots\cdots < 식 6-36 >$$

이 된다. 〈식 6-36〉에서 우변의 $(\frac{2\pi a}{T})^2$항과 $e\cos\theta$항을 〈식 6-23〉과 〈식 6-25〉를 사용하여 조금 변

형하면

$$(\frac{2\pi a}{T})^2 = GM\frac{1}{a} \quad \cdots\cdots\cdots\cdots\langle 식\ 6\text{-}37\rangle$$

$$e\cos\theta = \frac{a(1-e^2)-r}{r} \quad \cdots\cdots\cdots\cdots\langle 식\ 6\text{-}38\rangle$$

이 되고 <식 6-37>과 <식 6-38>을 <식 6-36>에 대입하면

$$v^2 = \frac{GM}{a}\frac{1+2\frac{a(1-e^2)-r}{r}+e^2}{(1-e^2)}$$

$$= \frac{GM}{a}(\frac{2a}{r}-1)$$

$$= GM(\frac{2}{r}-\frac{1}{a}) \quad \cdots\cdots\cdots\cdots < 식 6-39 >$$

이 된다. 물체의 궤도 속도는 궤도의 장반경 a, 초점으로부터의 거리 r에만 관계가 있다. r이 근일점에 있을 때 속도의 크기가 가장 크고 r이 원일점에 있을 때 속도의 크기가 가장 작다.

θ에 따른 v그래프를 그려 보면

$$v = \sqrt{\frac{GM}{a}[\frac{2(1+e\cos\theta)}{1-e^2}-1]}$$

이므로 <그림 6-7>과 같다.

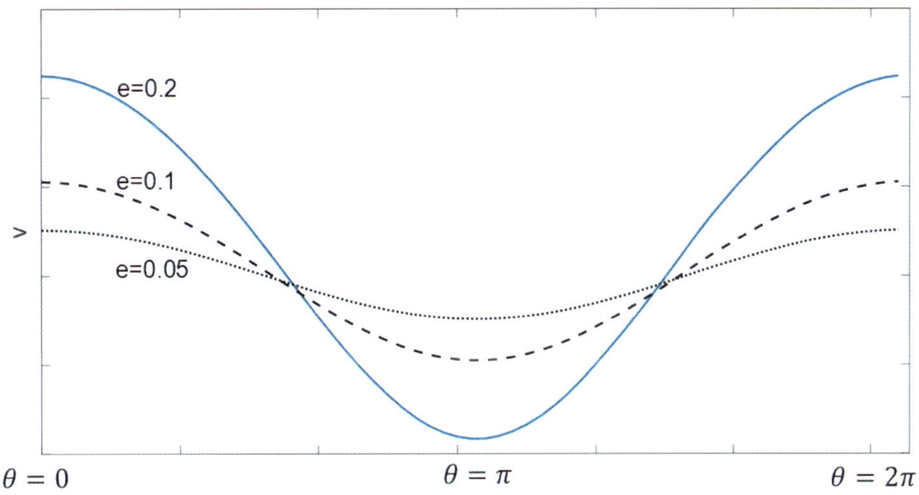

〈그림 6-7〉

y축은 행성의 궤도 속도를 상대적으로 나타낸 것이며 x축은 대략 행성이 한 바퀴 돌 때의 θ를 나타낸다. 각 그래프의 이심률은 각각 $e = 0.2, 0.1, 0.05$일 때이다.

7장_기조력(Tidal force)

우리나라 서해안은 밀물과 썰물에 의해 만조와 간조의 차가 큰 곳이다. 주기적으로 조수 간만의 차가 생기는 현상을 조석이라고 한다. 이 조석을 일으키는 힘을 기조력이라고 한다.

지구에서 발생하는 조석은 태양과 지구, 달과 지구 사이에 작용하는 중력의 결과이다.

다음 내용으로 기조력을 알아보자

1. 태양과 달에 의한 기조력 크기

〈그림 7-1〉처럼 지구와 태양(혹은 지구와 달)에서 P'점은 P점에서보다 태양(달)의 중력을 더 크게 받아 P점과 P'점에서의 중력의 차이가 기조력을 발생시킨다.

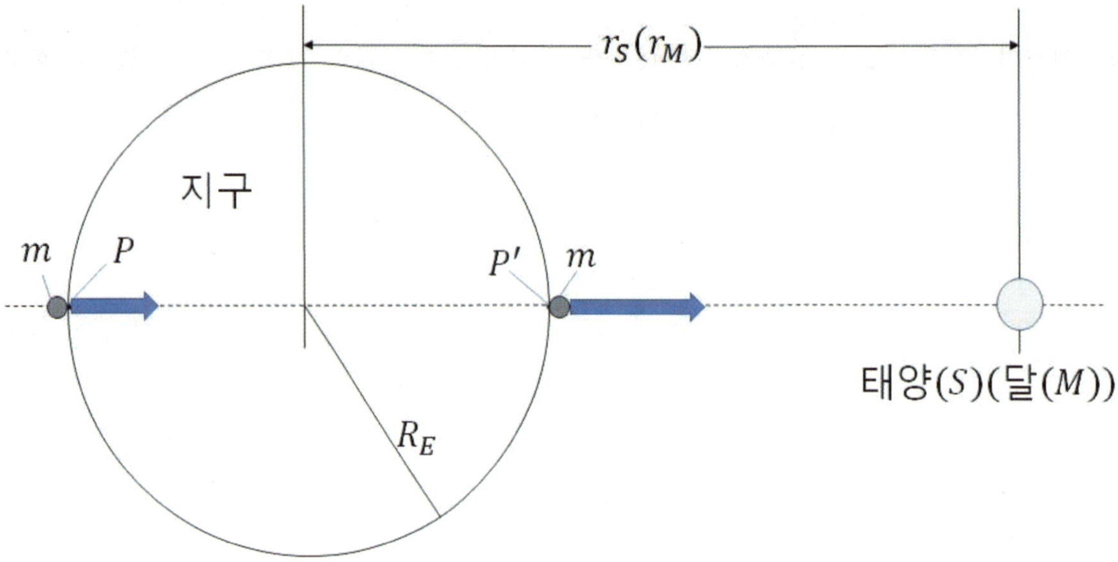

〈그림 7-1〉

〈그림 7-1〉에서 지구의 반지름 R_E가 $r_S(r_M)$보다 작을 경우 $r_S(r_M) \gg R_E$이면 지구 표면의 질량 m인 물체에 작용하는 기조력(T)의 크기는

$$T = 2\frac{GMm}{r^3} (G\text{: 중력상수, } M\text{: 태양 또는 달 질량, } r = r_S(r_M)) \cdots\cdots\cdots\cdots \text{〈식 7-1〉}$$

이 된다. 〈식 7-1〉은 기조력의 크기가 태양(달)의 질량에 비례하고 두 천체 사이의 거리의 세제곱에 반비례함을 나타낸다.

그러면 태양과 달에 의한 기조력의 크기는 어떻게 될까. 먼저 태양에 의한 기조력을 T_S, 달에 의한 기조력을 T_M이라고 하면 <식 7-1>을 사용하여

$$T_S = 2\frac{GM_S m}{r_S^3},\ T_M = 2\frac{GM_M m}{r_M^3} \cdots\cdots\cdots\text{<식 7-2>}$$

로 나타낼 수 있다.

태양질량 $M_S = 2\times10^{30}\text{kg}$, 달질량 $M_M = 7.3\times10^{22}\text{kg}$, 지구와 태양 사이 거리 $r_S = 1.5\times10^8\text{m}$, 지구와 달 사이 거리 $r_M = 384\times10^3\text{km}$를 사용하여 $\frac{T_M}{T_S}$의 비를 구해 보면

$$\frac{T_M}{T_S} = \frac{2\frac{G\times7.3\times10^{22}\text{kg}\times\text{m}}{(384\times10^3\text{km})^3}}{2\frac{G\times2\times10^{30}\text{kg}\times\text{m}}{(1.5\times10^8\text{km})^3}} \approx 2.2$$

가 된다. 달에 의한 기조력의 크기가 태양의 2.2배 정도 되는데 이는 태양은 달보다 질량이 크지만 달에 비하여 지구로부터 매우 멀리 떨어져 있기 때문이다.

2. 달에 의한 기조력

<그림 7-2>처럼 지구 위의 세 점 P, P', O에 질량이 m인 작은 물 덩어리가 있다고 가정해보자.

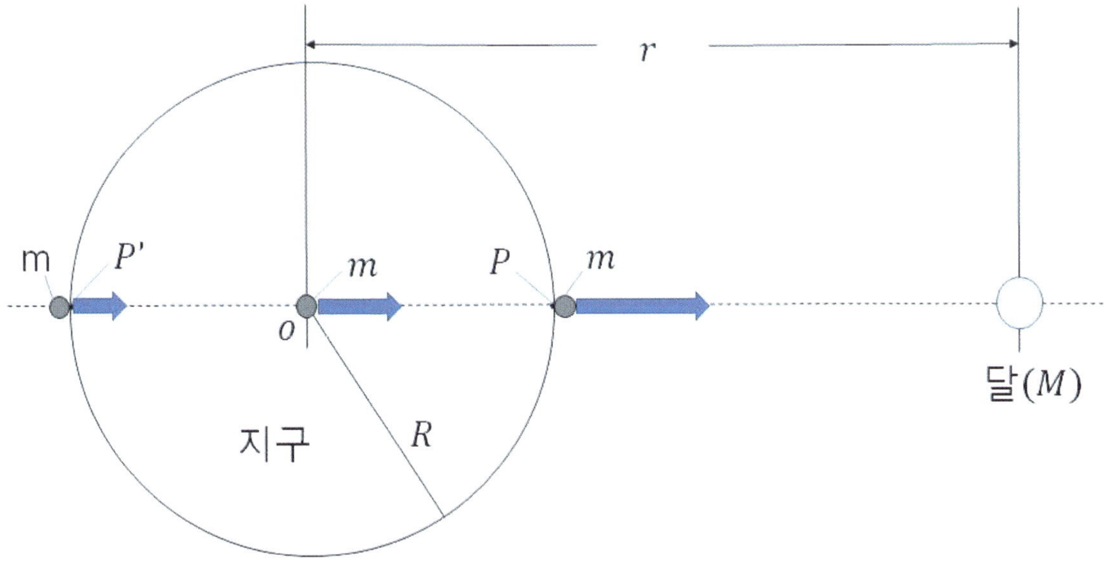

<그림 7-2>

P, P', O에 질량이 m인 작은 물 덩어리에 작용하는 중력의 크기는 각각

$$F_P = \frac{GMm}{(r-R)^2},\ F_P' = \frac{GMm}{(r+R)^2},\ F_O = \frac{GMm}{r^2}$$

이 된다. P점에서의 기조력의 크기 T_P는 $T_P = F_P - F_O$, P'점에서의 기조력의 크기 T_P'는 $T_P' = F_P' - F_O$가 된다.

먼저 $T_P = F_P - F_O$이므로

$$T_P = \alpha\left(\frac{1}{(r-R)^2} - \frac{1}{r^2}\right)(\alpha : GMm) \cdots\cdots\cdots\cdots \langle 식\ 7\text{-}3 \rangle$$

이 된다. <식 7-3>의 우변 첫째항은

$$\frac{1}{(r-R)^2} = \frac{1}{r^2}\frac{1}{(1-\frac{R}{r})^2} = \frac{1}{r^2}(1-\frac{R}{r})^{-2} \cdots\cdots\cdots\cdots \langle 식\ 7\text{-}4 \rangle$$

이 된다. $(1+x)^p = 1 + px + \frac{p(p-1)}{2!}x^2 + ...(|x|<1)$관계식을 <식 7-4>에 적용하면

$x = -\frac{R}{r}, p = -2$이고 이차항까지만 적용하면

$$\frac{1}{(r-R)^2} = \frac{1}{r^2}(1-\frac{R}{r})^{-2} = \frac{1}{r^2}[1+(-2)(-\frac{R}{r})]$$

이 되고 이를 <식 7-3>에 대입하면

$$T_P = \alpha\left(\frac{1}{r^2} + \frac{2R}{r^3} - \frac{1}{r^2}\right) = \alpha\frac{2R}{r^3} \cdots\cdots\cdots\cdots \langle 식\ 7\text{-}5 \rangle$$

이 된다. <식 7-5>는 $F_P > F_O$이므로 T_P의 방향은 달 쪽을 향한다.

$T_P' = F_P' - F_O$이므로

$$T_P' = \alpha\left(\frac{1}{(r+R)^2} - \frac{1}{r^2}\right) \quad \cdots\cdots\cdots\cdots \langle식\ 7\text{-}6\rangle$$

이 된다. <식 7-6>의 우변 첫째항은

$$\frac{1}{(r+R)^2} = \frac{1}{r^2}\frac{1}{(1+\frac{R}{r})^2} = \frac{1}{r^2}(1+\frac{R}{r})^{-2} \quad \cdots\cdots\cdots\cdots \langle식\ 7\text{-}7\rangle$$

이 된다. $(1+x)^p = 1+px+\frac{p(p-1)}{2!}x^2+.....(|x|<1)$관계식을 <식 7-7>에 적용하면 $x=\frac{R}{r}, p=-2$ 이고 이차항까지만 적용하면

$$\frac{1}{(r+R)^2} = \frac{1}{r^2}(1+\frac{R}{r})^{-2} = \frac{1}{r^2}[1+(-2)\frac{R}{r}]$$

가 되고 이를 <식 7-6>에 대입하면

$$T_P' = \alpha\left(\frac{1}{r^2} - \frac{2R}{r^3} - \frac{1}{r^2}\right) = -\alpha\frac{2R}{r^3} \quad \cdots\cdots\cdots\cdots \langle식\ 7\text{-}8\rangle$$

이 된다. <식 7-8>는 $F_P' < F_O$이므로 T_P'의 방향은 달 반대쪽을 향한다.

T_P와 T_P'를 그림으로 나타내면 다음과 같다.

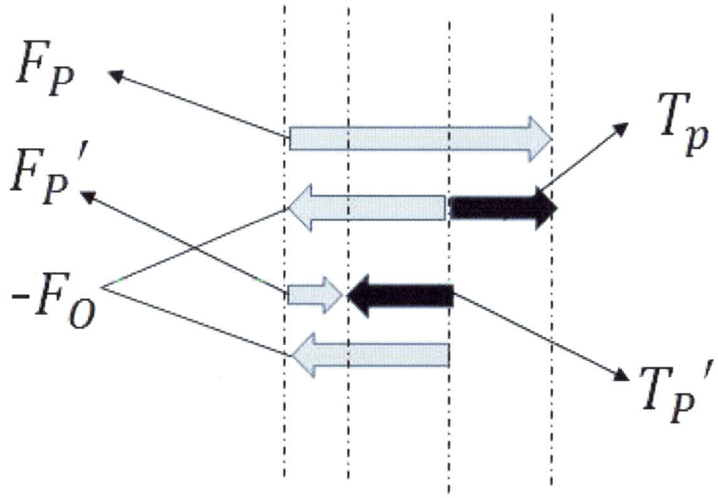

<그림 7-3>

<그림 7-3>에서 보면 <식 7-5>와 <식 7-8>의 T_P와 T_P'는 크기는 같고 방향은 반대이다.

3. 지구 표면 모든 지점에서의 기조력 유도하기

앞 절에서는 주로 달과 지구를 잇는 선상에서의 기조력 크기를 계산하였다. 그러면 지금부터는 지구 표면위의 일반적인 지점(x, y)에서의 기조력을 계산해 보자.

먼저 다음 <그림 7-4>를 생각해 보자.

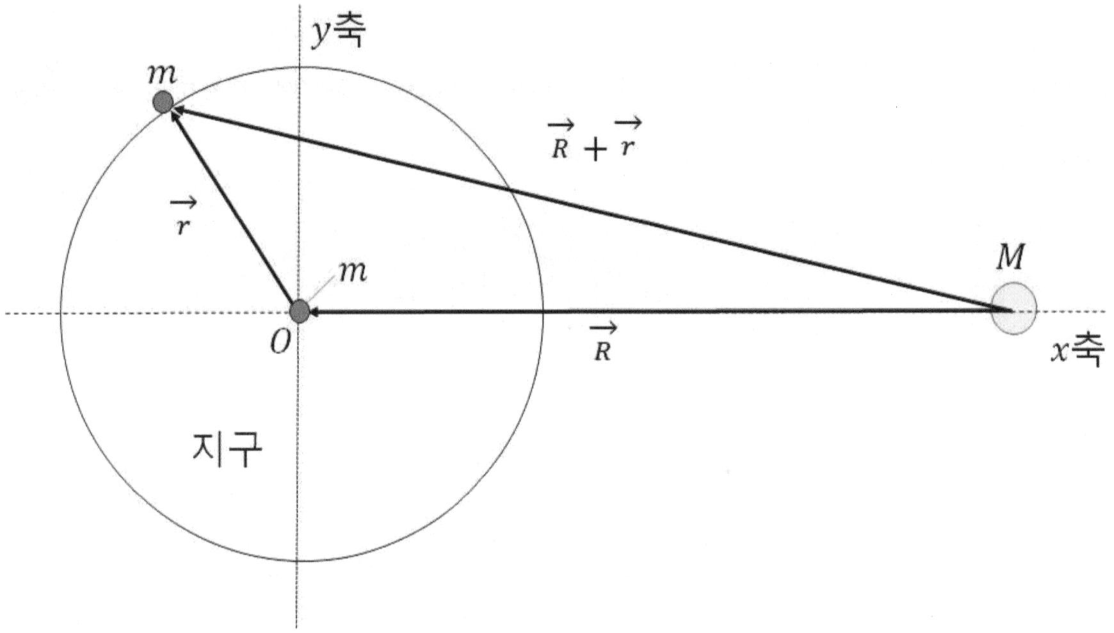

<그림 7-4>

$\vec{r}$은 지구 중심 O에서 지표면상에 있는 질량 m인 물 덩어리의 위치를, $\vec{R}$은 질량 M인 천체에서 지구 중심을, $\overrightarrow{R+r}$은 질량 M인 천체에서 질량 m인 물 덩어리의 위치를 나타낸다($\vec{R} \gg \vec{r}$이라고 가정한다). 그러면 $\hat{R} = \frac{\vec{R}}{|R|}$, $\widehat{R+r} = \frac{\vec{R}+\vec{r}}{|\vec{R}+\vec{r}|}$, $\hat{x}$, $\hat{y}$은 단위 벡터이며 $\hat{R} = -\hat{x}$의 관계가 성립한다.

r 위치에 있는 질량 m에 작용하는 기조력 T_r은 r 지점에서의 중력 F_r과 O점에서의 중력 F_O의 크기 차이이므로

$$F_r = -\alpha \frac{1}{|\vec{R}+\vec{r}|^2}(\widehat{R+r}) = -\alpha \frac{1}{|\vec{R}+\vec{r}|^2} \frac{(\vec{R}+\vec{r})}{|\vec{R}+\vec{r}|} \quad \cdots\cdots\cdots\cdots < 식 7-9 >$$

$$F_o = -\alpha \frac{1}{|\vec{R}|^2}\hat{R} = -\alpha \frac{1}{|\vec{R}|^2}\frac{\vec{R}}{|\vec{R}|} \quad \cdots\cdots\cdots\cdots < \text{식}7-10 >$$

이 된다. r 위치에서의 기조력 T_r은 $F_r - F_o$이므로

$$T_r = -\alpha \frac{(\vec{R}+\vec{r})}{|\vec{R}+\vec{r}|^3} + \alpha \frac{\vec{R}}{|\vec{R}|^3} \quad \cdots\cdots\cdots\cdots \langle \text{식 } 7\text{-}11 \rangle$$

이 된다. <식 7-11>의 우변항 첫째항의 분모를 조금 변형해 보자. $|\vec{A}|^2 = \vec{A} \cdot \vec{A}$의 관계를 이용하면

$$|\vec{R}+\vec{r}|^2 = (\vec{R}+\vec{r}) \cdot (\vec{R}+\vec{r}) = R^2 + r^2 + 2\vec{R} \cdot \vec{r}$$

이고 $R \gg r$이므로

$$|\vec{R}+\vec{r}|^2 = R^2(1 + \frac{r^2}{R^2} + \frac{2\vec{R} \cdot \vec{r}}{R^2})$$

이 되고 괄호 속 두 번째 항은 첫 번째, 두 번째 항보다 작으므로 0으로 두면

$$|\vec{R}+\vec{r}|^2 = R^2(1 + \frac{2\vec{R} \cdot \vec{r}}{R^2}) \quad \cdots\cdots\cdots\cdots \langle \text{식 } 7\text{-}12 \rangle$$

가 된다. $\frac{1}{|\vec{R}+\vec{r}|^3} = |\vec{R}+\vec{r}|^{-3}$이므로 <식 7-12>의 양변을 $-\frac{3}{2}$승을 취하면

$$|\vec{R}+\vec{r}|^{-3} = R^{-3}(1 + \frac{2\vec{R} \cdot \vec{r}}{R^2})^{-\frac{3}{2}} \quad \cdots\cdots\cdots\cdots \langle \text{식 } 7\text{-}13 \rangle$$

이 된다. <식 7-13>에서 $\frac{2\vec{R} \cdot \vec{r}}{R^2} \ll 1$이므로 $(1+x)^p = 1 + px + \frac{p(p-1)}{2!}x^2 + \cdots\cdots \ (|x| < 1)$관계식을 적용하면 $x = \frac{2\vec{R} \cdot \vec{r}}{R^2}, p = -\frac{3}{2}$이고 이차항까지만 적용하면

$$(1+x)^p=(1+\frac{2\vec{R}\cdot\vec{r}}{R^2})^{-\frac{3}{2}}\approx 1+(-\frac{3}{2})\frac{2\vec{R}\cdot\vec{r}}{R^2}$$

이므로 이를 <식 7-13>에 대입하면

$$|\vec{R}+\vec{r}|^{-3}=R^{-3}(1-\frac{3\vec{R}\cdot\vec{r}}{R^2}) \quad \cdots\cdots\cdots\cdots\langle 식\ 7\text{-}14\rangle$$

가 된다. <식 7-14>를 <식 7-11>에 대입하면

$$\frac{T_r}{\alpha}=-\frac{(\vec{R}+\vec{r})}{R^3}(1-3\frac{\vec{R}\cdot\vec{r}}{R^2})+\frac{\vec{R}}{R^3}$$

$$\frac{T_r}{\alpha}=-\frac{\vec{R}}{R^3}(1-3\frac{\vec{R}\cdot\vec{r}}{R^2})-\frac{\vec{r}}{R^3}(1-3\frac{\vec{R}\cdot\vec{r}}{R^2})+\frac{\vec{R}}{R^3}$$

$$\frac{T_r}{\alpha}=-\frac{\vec{R}}{R^3}+3\frac{\vec{R}}{R^3}\frac{\vec{R}\cdot\vec{r}}{R^2}-\frac{\vec{r}}{R^3}+3\frac{\vec{r}}{R^3}\frac{\vec{R}\cdot\vec{r}}{R^2})+\frac{\vec{R}}{R^3} \quad \cdots\cdots\cdots\cdots\langle 식\ 7\text{-}15\rangle$$

가 된다. <식 7-15>의 우변의 첫째항과 마지막 항은 서로 상쇄되고 둘째 항과 셋째 항의 크기를 비교해 보면 대략 둘째 항은$\approx\frac{1}{R^3}$, 넷째 항은$\approx\frac{1}{R^4}$이므로 넷째 항은 무시하고 $\vec{R}=R\hat{R}$을 사용하면

$$\frac{T_r}{\alpha}=-\frac{\vec{r}}{R^3}+\frac{R\hat{R}}{R^3}\frac{3R\hat{R}\cdot\vec{r}}{R^2}$$

$$\frac{T_r}{\alpha}=\frac{1}{R^3}[3\hat{R}(\hat{R}\cdot\vec{r})-\vec{r}]$$

$$T_r=\frac{GMm}{R^3}[3\hat{R}(\hat{R}\cdot\vec{r})-\vec{r}] \quad \cdots\cdots\langle 식\ 7\text{-}16\rangle$$

가 된다. <식 7-16>을 직각좌표계(x, y)로 나타내면 식의 이해가 쉽기 때문에 $\vec{r}=x\hat{x}+y\hat{y}$, $\hat{R}=-\hat{x}$을 <식 7-16>에 사용하면

$$T_r = \frac{GMm}{R^3}[3(-\hat{x})((-\hat{x}) \cdot (x\hat{x}+y\hat{y}))-(x\hat{x}+y\hat{y})]$$

$$= \frac{GMm}{R^3}[3x\hat{x}-x\hat{x}-y\hat{y}]$$

$$= \frac{GMm}{R^3}[2x\hat{x}-y\hat{y}] \quad \cdots\cdots\cdots\cdots < \text{식}\ 7-17 >$$

가 된다. 〈식 7-17〉이 r지점에서의 기조력이다. 기조력의 크기를 x와 y방향의 힘으로 표시된 식이다.

마지막으로 〈식 7-17〉의 의미를 〈그림 7-5〉를 통해 알아보자

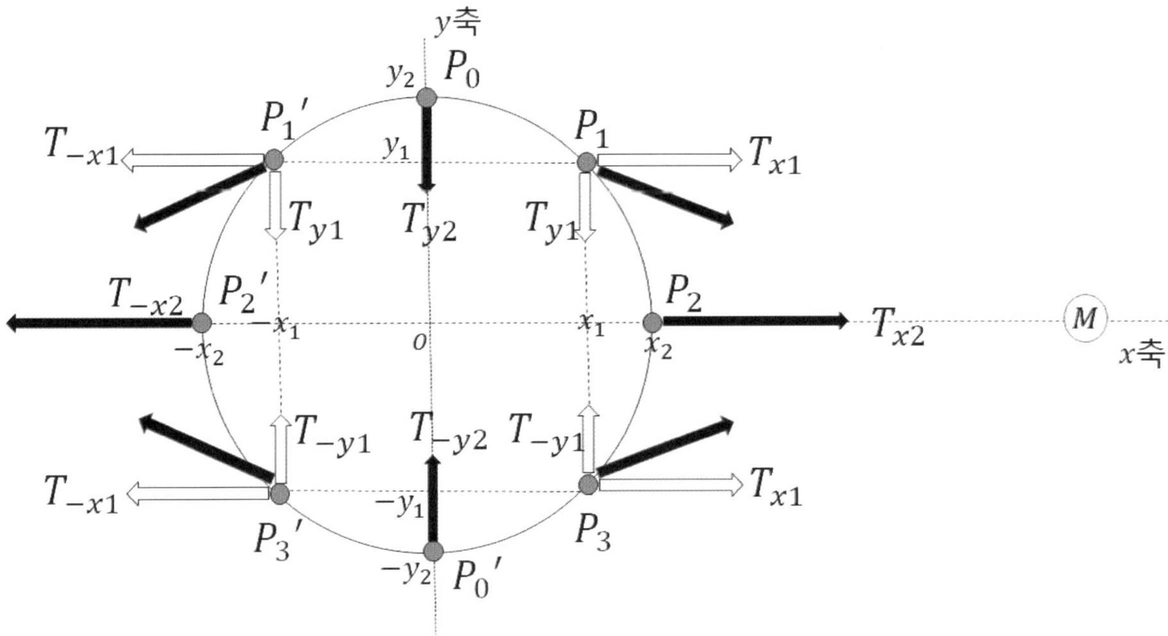

〈그림 7-5〉

$P_0(0, y_2)$, $P_0^{'}(0, -y_2)$, $P_1(x_1, y_1)$, $P_1^{'}(-x_1, y_1)$, $P_2(x_2, 0)$, $P_2^{'}(-x_2, 0)$, $P_3(x_1, -y_1)$, $P_3^{'}(-x_1, -y_1)$ 인 점들을 살펴보자.

$P_0(0, y_2)$, $P_0^{'}(0, -y_2)$인 지점은 〈식 7-17〉에서 $x=0, y=\pm y_2$인 시점이므로 x방향으로의 기조력은

$$T_x = 0,$$

y방향으로의 기조력은 각각

$$T_{y2} = \frac{\alpha}{R^3}(-y_2\hat{y}),\ T_{-y2} = \frac{\alpha}{R^3}(2y_2\hat{y})$$

가 된다.

$P_1(x_1, y_1)$, $P_1'(-x_1, y_1)$인 지점은 <식 7-17>에서 $x=\pm x_1, y=y_1$인 지점이므로 x방향으로의 기조력은 각각

$$T_{x1} = \frac{\alpha}{R^3}(2x_1\hat{x}),\ T_{-x1} = \frac{\alpha}{R^3}(-2x_1\hat{x})$$

y방향으로의 기조력은

$$T_{y1} = \frac{\alpha}{R^3}(-y_1\hat{y})$$

이 된다.

$P_2(x_2, 0)$, $P_2'(-x_2, 0)$인 지점은 <식 7-17>에서 $x=\pm x_2, y=0$인 지점이므로 x방향으로의 기조력은 각각

$$T_{x2} = \frac{\alpha}{R^3}(2x_2\hat{x}),\ T_{-x2} = \frac{\alpha}{R^3}(-2x_2\hat{x}),$$

y방향으로의 기조력은

$$T_y = 0$$

이 된다.

$P_3(x_1, -y_1)$, $P_3'(-x_1, -y_1)$인 지점은 <식 7-17>에서 $x=\pm x_1, y=-y_1$인 지점이므로 x방향으로의 기조력은 각각

$$T_{x1} = \frac{\alpha}{R^3}(2x_1\hat{x}),\ T_{-x1} = \frac{\alpha}{R^3}(-2x_2\hat{x}),$$

y방향으로의 기조력은

$$T_{-y1} = \frac{\alpha}{R^3}(y_2\hat{y})$$

가 된다.

T_x와 T_y의 합의 크기와 방향은 굵은 화살표로 표시하였다. <식 7-5>와 <식 7-8>에서 α를 GMm으로, r을 R로, R을 $\pm x_2$로 두면 <식 7-17>과 같아진다.

8장_전향력

지구 자전에 의해 나타나는 겉보기힘인 전향력(Coriolis force)은 적도 이외의 모든 곳에서 움직이는 모든 물체에 작용하며 북반구에서는 운동방향의 오른쪽, 남반구에서는 운동방향의 왼쪽으로 작용한다.

보통의 경우는 전향력의 영향이 미미하지만 규모가 큰 바람(태풍, 저기압) 같은 경우는 전향력의 영향을 크게 받는다.

1. 전향력 공식 유도하기

〈그림 8-1〉처럼 움직이는(회전하는) 좌표계(O)가 관성좌표계(O_I)에서 $\vec{R}$만큼 떨어져 있다고 하자.

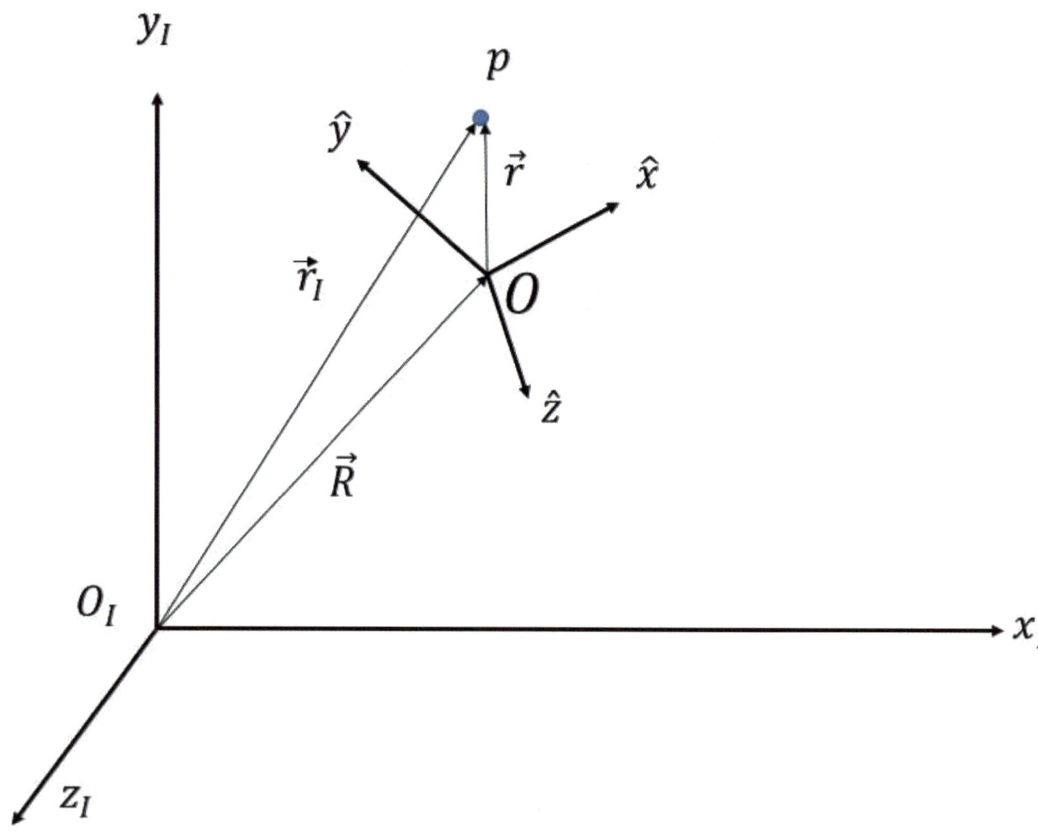

〈그림 8-1〉

P점의 위치는 O좌표계에서는 $\vec{r}$, O_I좌표계에서는 $\vec{r_I}$이며

$$\vec{r_I} = \vec{R} + \vec{r} \quad \cdots\cdots\cdots\cdots \langle 식\ 8\text{-}1 \rangle$$

의 관계가 성립한다.

P점을 향하는 벡터 $r(\vec{r} = x\hat{x} + y\hat{y} + z\hat{z})$를 도입하고 시간에 대한 미분을 취해 보자

$$\frac{d\vec{r}}{dt} = (\frac{dx}{dt}\hat{x} + \frac{dy}{dt}\hat{y} + \frac{dz}{dt}\hat{z}) + (x\frac{d\hat{x}}{dt} + y\frac{d\hat{y}}{dt} + z\frac{d\hat{z}}{dt}) \quad \cdots\cdots\cdots\cdots \langle 식\ 8\text{-}2 \rangle$$

가 된다. 〈식 8-2〉의 우변 항 첫 번째 괄호 항은 시간에 대한 O좌표계에서의 $\vec{r}$의 변화량이고, $\frac{\delta\vec{r}}{\delta t}$로 두고 두 번째 괄호 항은 시간에 대한 O좌표계의 축이 변하는 양에 해당된다.

$\frac{d\vec{A}}{dt} = \vec{\omega} \times \vec{A}$의 관계를 이용하면

$$\frac{d\hat{x}}{dt} = \vec{\omega} \times \hat{x},\ \frac{d\hat{y}}{dt} = \vec{\omega} \times \hat{y},\ \frac{d\hat{z}}{dt} = \vec{\omega} \times \hat{z}$$

가 되어 〈식 8-2〉를 다시 쓰면

$$\frac{d\vec{r}}{dt} = \frac{\delta\vec{r}}{\delta t} + x(\vec{\omega} \times \hat{x}) + y(\vec{\omega} \times \hat{y}) + z(\vec{\omega} \times \hat{z})$$

$$\frac{d\vec{r}}{dt} = \frac{\delta\vec{r}}{\delta t} + \vec{\omega} \times (x\hat{x} + y\hat{y} + z\hat{z})$$

$$\frac{d\vec{r}}{dt} = \frac{\delta\vec{r}}{\delta t} + \vec{\omega} \times \vec{r} \quad \cdots\cdots\cdots\cdots < 식 8-3 >$$

이 된다. <식 8-3>을 한 번 더 미분하면

$$\frac{d}{dt}(\frac{d\vec{r}}{dt}) = \frac{d^2\vec{r}}{dt^2} = \frac{d}{dt}(\frac{\delta\vec{r}}{\delta t}) + \frac{d}{dt}(\vec{\omega} \times \vec{r}) \quad \cdots\cdots\cdots\cdots \langle 식\ 8\text{-}4 \rangle$$

가 되고 식의 우변 첫째 항은

$$\frac{d}{dt}(\frac{\delta\vec{r}}{\delta t})=\frac{\delta}{\delta t}(\frac{\delta\vec{r}}{\delta t})+\vec{\omega}\times\frac{\delta\vec{r}}{\delta t}$$

둘째 항은

$$\frac{d}{dt}(\vec{\omega}\times\vec{r})=\frac{d\vec{\omega}}{dt}\times\vec{r}+\vec{\omega}\times\frac{d\vec{r}}{dt}(\frac{d\vec{r}}{dt}=\frac{\delta\vec{r}}{\delta t}+\vec{\omega}\times\vec{r}\ )$$

이므로 <식 8-4>를 다시 쓰면

$$\frac{d^2\vec{r}}{dt^2}=\frac{\delta^2\vec{r}}{\delta t^2}+2\vec{\omega}\times\frac{\delta\vec{r}}{\delta t}+\frac{d\vec{\omega}}{dt}\times\vec{r}+\vec{\omega}\times(\vec{\omega}\times\vec{r})$$

$$\frac{d^2\vec{r}}{dt^2}=\vec{a}+2\vec{\omega}\times\vec{v}+\frac{d\vec{\omega}}{dt}\times\vec{r}+\vec{\omega}\times(\vec{\omega}\times\vec{r})\ \cdots\cdots\cdots\cdots\langle\text{식 8-5}\rangle$$

가 된다. <식 8-5>에 <식 8-1>을 적용하고 양변에 질량 m을 곱하면

$$m\frac{d^2\vec{r}}{dt^2}=m\frac{d^2\vec{r_I}}{dt^2}-m\frac{d^2\vec{R}}{dt^2}=m\vec{a}+2m\vec{\omega}\times\vec{v}+m\frac{d\vec{\omega}}{dt}\times\vec{r}+m\vec{\omega}\times(\vec{\omega}\times\vec{r})$$

가 되고 식을 정리하면

$$m\vec{a}=m\frac{d^2\vec{r_I}}{dt^2}-m\frac{d^2\vec{R}}{dt^2}-2m\vec{\omega}\times\vec{v}-m\frac{d\vec{\omega}}{dt}\times\vec{r}-m\vec{\omega}\times(\vec{\omega}\times\vec{r})\ \cdots\cdots\cdots\cdots\langle\text{식 8-6}\rangle$$

가 된다. <식 8-6>의 좌변 항은 O좌표계에서 느끼는 힘, 우변의 첫째 항은 O_I좌표계에서 관측한 실제 힘, 둘째 항은 O좌표계의 질량 중심이 병진 운동할 때의 힘, 셋째 항은 전향력, 넷째 항은 방위각 힘, 다섯째 항은 원심력에 해당된다.

전향력은 $-2m\vec{\omega}\times\vec{v}$이다.

2. 위도별 전향력 크기

<그림 8-2>처럼 북반구에서 위도가 φ인 곳에서 북쪽으로 속력 v로 움직이는 질량 m인 물체를 생각해 보자

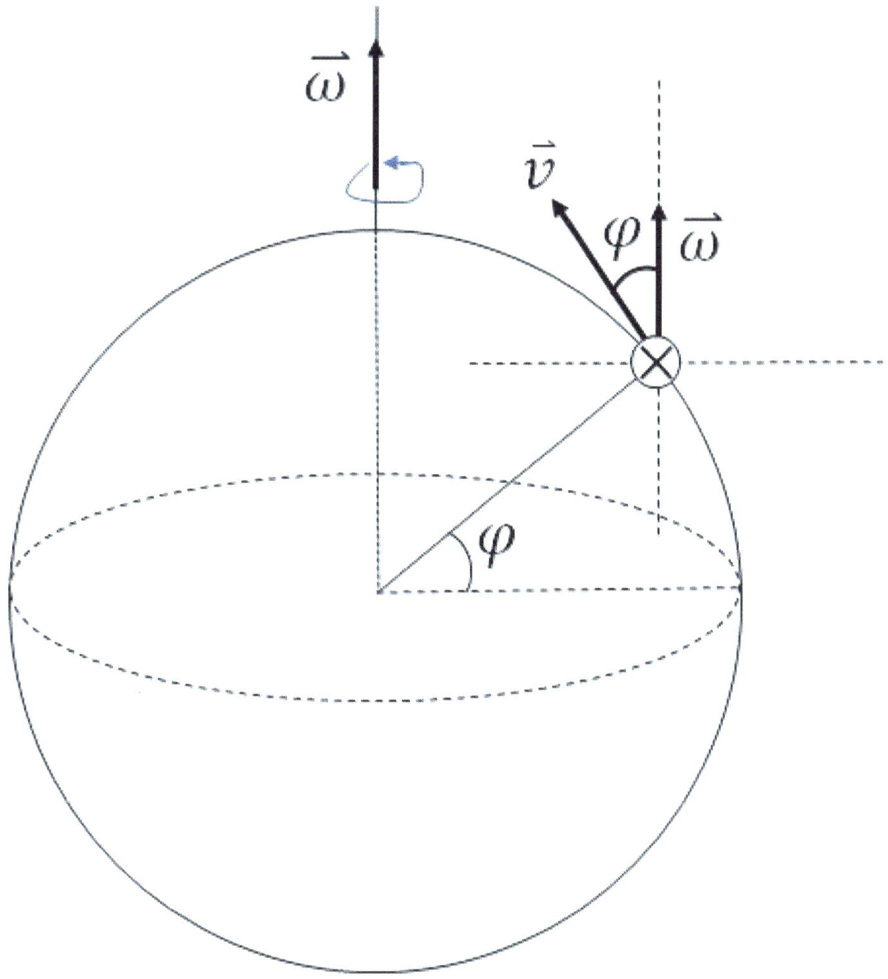

<그림 8-2>

<그림 8-2>에서 ω는 지구의 자전 각속도의 크기를, $\otimes$는 $-\vec{\omega}\times\vec{v}$의 방향으로 지면을 뚫고 들어가는 방향이다.

전향력 F_{cori}은

$$\vec{F}_{cori} = -2m\vec{\omega}\times\vec{v}$$

이므로

$$|F_{cori}| = 2m\omega v\sin\varphi \quad \cdots\cdots\cdots\cdots \langle 식\ 8\text{-}7\rangle$$

가 된다.

$\varphi = 90^\circ$인 극지방은 $\sin 90^\circ = 1$이므로

$$|F_{cori}| = 2m\omega v,$$

$\varphi = 0°$인 적도지방은 $\sin 0° = 0$이므로

$$|F_{cori}| = 2m\omega v \cdot 0 = 0$$

이 된다. 극지방에서의 전향력 효과가 가장 크고 적도지방에서는 전향력 효과가 나타나지 않는다.

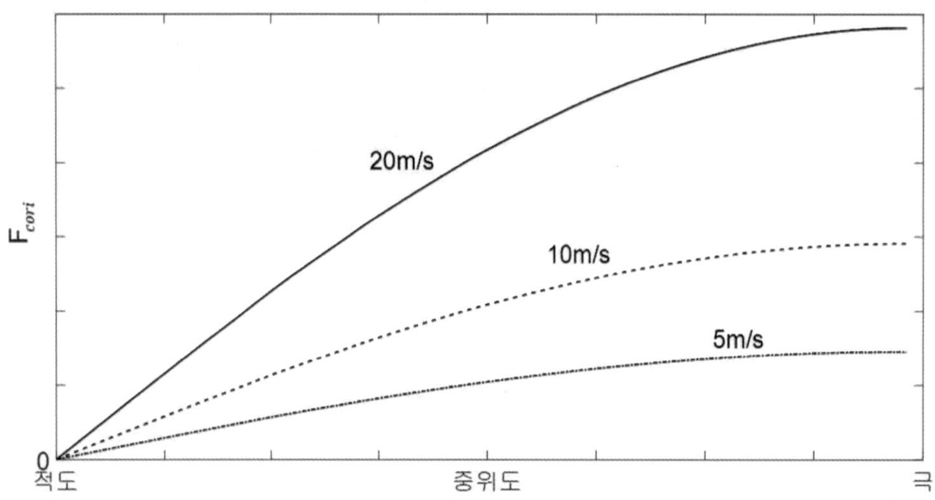

<그림 8-3>

<그림 8-3>은 질량 1kg에 대해 바람의 속력이 각각 5m/s, 10m/s, 20m/s일 때의 전향력 크기를 위도별로 나타낸 것이다. 지구의 자전 각속도 ω는

$$\omega = \frac{2\pi}{24 \times 3600\text{s}} = 7.27 \times 10^{-5}/\text{s}$$

를 사용하였다. <그림 8-3>의 그래프를 보면 적도지방에서 극지방으로 갈수록 전향력의 크기가 증가하고 있음이 나타나고 또한 바람의 속력에 대해서도 속력의 증가에 따른 전향력의 크기도 증가함을 알 수 있다. 0s일 때 정지한 1kg인 물체에 10s 동안 일정하게 힘을 작용하여 10s일 때 속도의 크기가 10m/s가 되었을 때 물체에 가해진 힘은 $F = ma$에서

$$F = 1\text{kg}\frac{10\text{m/s}}{10\text{s}} = 1\text{N} \ \ (|F_{cori}| = 2 \times 1kg \times \omega \times 10m/s \times \sin\varphi)$$

이다. 이를 <그림 8-3>과 비교해 보면 전향력의 크기는 상당히 작음을 알 수 있다.

3. 전향력에 의한 낙하 물체의 수평방향 편이

지표면으로부터 높이 H만큼 떨어진 곳에서 지구 중력에 의해 낙하하는 물체는 물체의 연직선으로부터 어떤 방향으로 어느 정도 떨어져서 떨어질까?

다음 <그림 8-4>를 생각해 보자

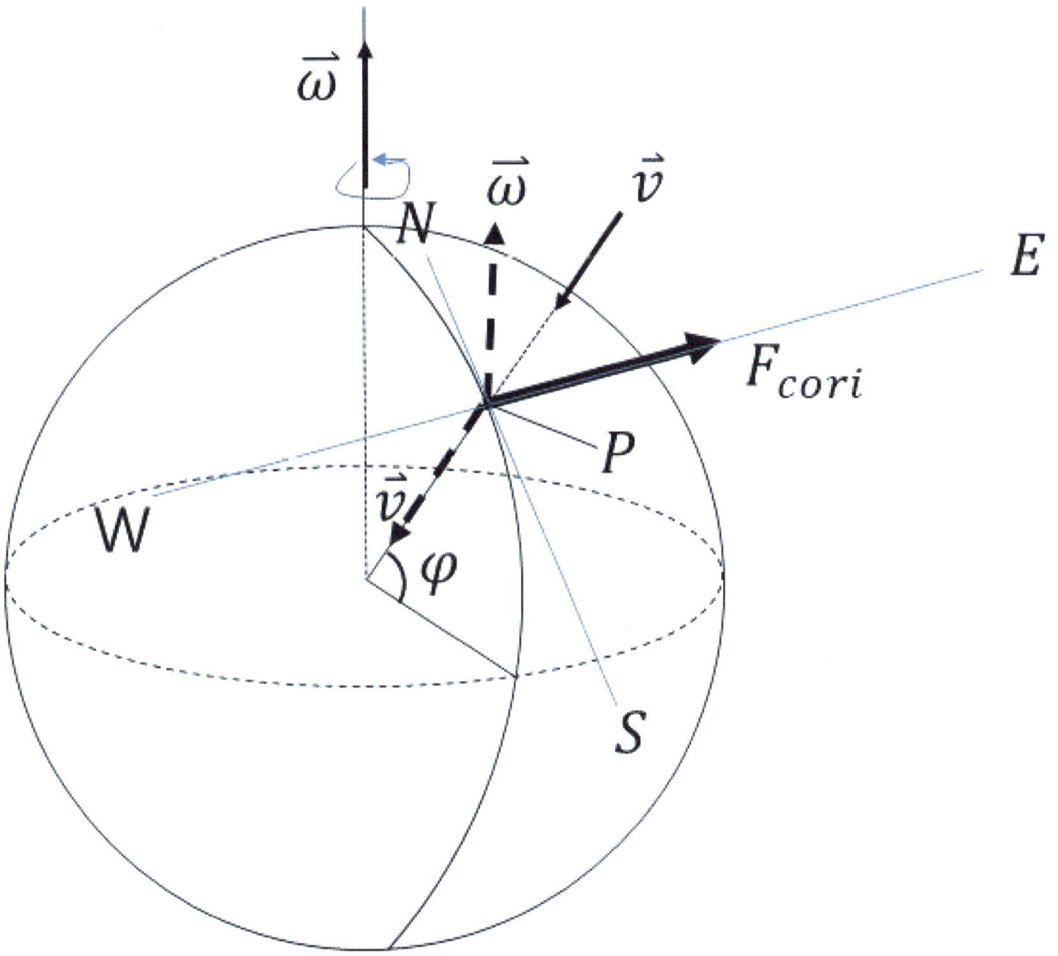

<그림 8-4>

<그림 8-4>는 북반구에서 위도 φ인 지표면 상의 한 점 P를 향해 수직으로 자유낙하하는 모습을 나타낸 것으로 전향력의 방향은 동쪽(E)을 향한다.

그러면 나음 <그림 8-5>처럼 지표면에서 수직으로 H만큼 떨어진 곳에서 지구의 중력에 의해 떨

어지는 물체는 동쪽으로 얼마만큼 떨어진 곳에 낙하할까?

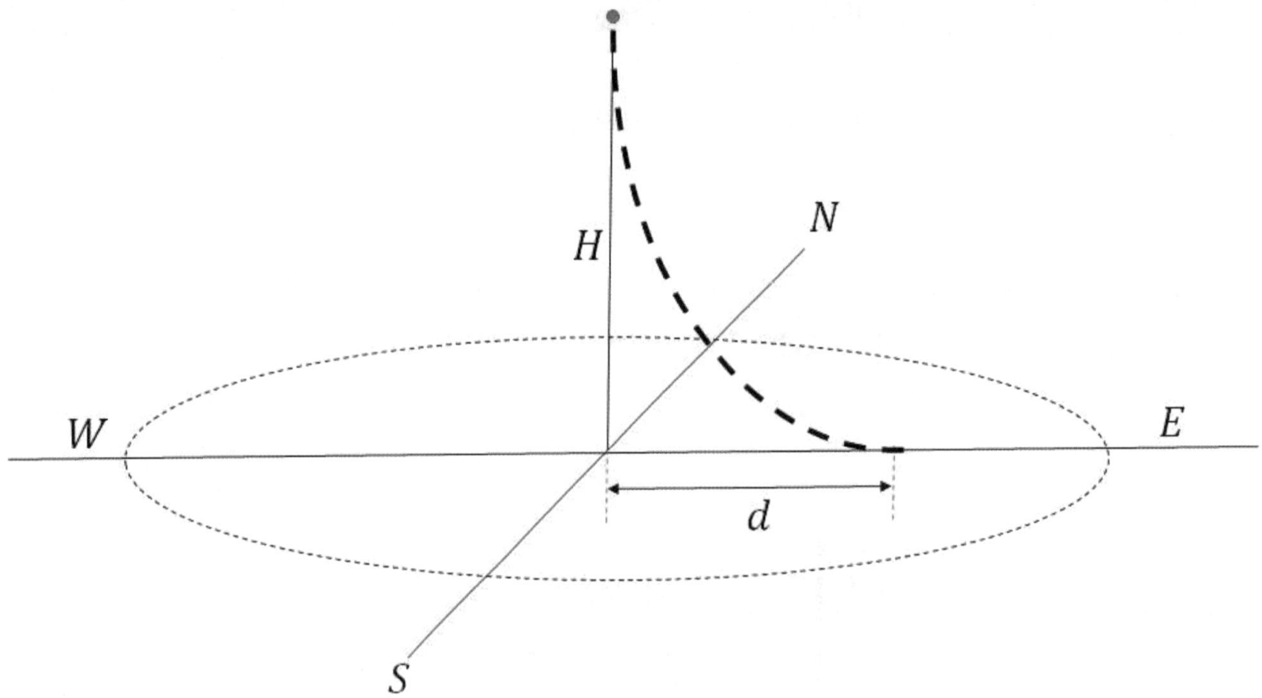

〈그림 8-5〉

〈그림 8-5〉에서 떨어지는 물체에 공기 저항력과 다른 힘들을 무시하고 전향력 F_{cori}를 〈식 8-7〉을 이용해서 구하면

$$F_{cori} = 2m\omega v \sin\varphi$$

가 되고 뉴턴의 운동법칙 $F = ma$를 적용하면

$$F_{cori} = 2m\omega v \sin\varphi = ma_{cori}$$

가 되어

$$a_{cori} = 2\omega v \sin\varphi \cdots\cdots\cdots\cdots〈식\ 8\text{-}8〉$$

가 된다. 한편 떨어지는 물체는 F_{cori}때문에 지표면 속도 성분(v_x, v_y)이 나타나는데 이의 크기는 수직 성분(v_z)에 비해 작기 때문에 무시하고 등가속도 식을 이용하여 v_z을 구하면 $v_z = gt$(g: 중력 가속도)가 된다. 이를 이용해서 〈식 8-8〉를 다시 쓰면

$$a_{cori} = 2\omega gt\sin\varphi \quad \cdots\cdots\cdots\cdots \langle \text{식 8-9} \rangle$$

가 된다. <식 8-9>와 $a = \frac{dv}{dt}(dv = adt)$를 이용해서 동쪽 방향의 속도를 구하면

$$dv_{cori} = 2\omega gt\sin\varphi dt$$

$$v_{cori} = \int_0^t 2\omega gt\sin\varphi dt = \omega gt^2\sin\varphi \quad \cdots\cdots\cdots\cdots \langle \text{식 8-10} \rangle$$

<식 8-10>과 $v = \frac{ds}{dt}(ds = vdt)$를 이용해서 동쪽 방향의 이동거리를 구하면

$$ds_{cori} = \omega gt^2\sin\varphi dt$$

$$s_{cori} = \int_0^t \omega gt^2\sin\varphi dt = \omega g\frac{1}{3}t^3\sin\varphi \quad \cdots\cdots\cdots\cdots \langle \text{식 8-11} \rangle$$

가 된다. H만큼 떨어진 곳에서 낙하는 물체의 시간은 $H = \frac{1}{2}gt^2$에서 $t = \sqrt{\frac{2H}{g}}$이므로 이를 <식 8-11>에 대입하면

$$s_{cori} = \omega g\frac{1}{3}\left(\sqrt{\frac{2H}{g}}\right)^3\sin\varphi \quad \cdots\cdots\cdots\cdots \langle \text{식 8-12} \rangle$$

가 된다.

전향력이 가장 크게 작용하는 $\varphi = 90^\circ$인 극지방에서 $H = 100\text{m}$인 곳에서 떨어지는 물체는 연직 방향에 대해 얼마나 떨어진 곳에 낙하할까? <식 8-12>를 사용하면

$$s_{cori} = 7.27\times10^{-5}/\text{s}\times9.8\text{m/s}^2\times\frac{1}{3}\times\left(\sqrt{\frac{2\times100\text{m}}{9.8\text{m/s}^2}}\right)^3\times1$$

$$\approx 2.19\text{cm}$$

$\varphi = 30^\circ$인 지방에서 $H = 100\text{m}$인 곳에서 떨어지는 물체는

$$s_{cori} = 7.27 \times 10^{-5}/\text{s} \times 9.8\text{m/s}^2 \frac{1}{3} \times \left(\sqrt{\frac{2 \times 100\text{m}}{9.8\text{m/s}^2}}\right)^3 \times \sin 30^\circ$$

$$\approx 1.095\text{cm}$$

가 된다.

4. 위도에 따른 중력 크기

지구가 구형이고 밀도가 균일할 때, 지구가 자전하지 않으면 지구 표면에서의 중력은 어디에서나 일정하다. 그러나 지구의 자전 운동으로 인한 원심력 때문에 적도에서 고위도로 갈수록 중력이 크기는 커진다.

지구자전에 의해 발생하는 원심력 F_{cent}는 <식 8-6>에서

$$\overrightarrow{F_{cent}} = -m\vec{\omega} \times (\vec{\omega} \times \vec{r}) \quad \cdots\cdots\cdots\cdots \langle 식\ 8\text{-}13 \rangle$$

이 된다. 원심력의 방향은 <그림 8-6>에 나타내었다.

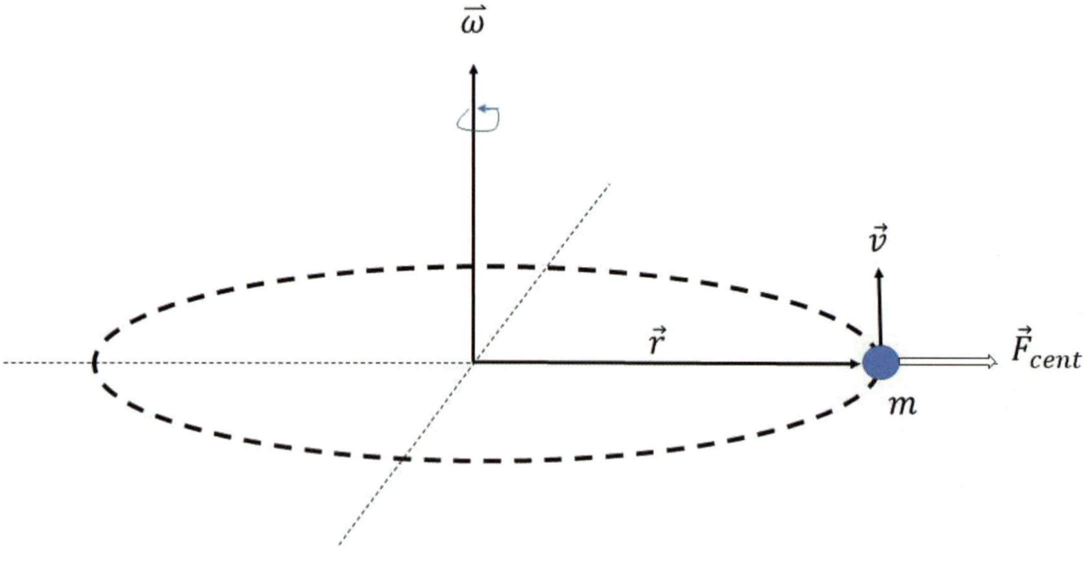

<그림 8-6>

<그림 8-6>처럼 질량 m인 물체가 xy평면에서 일정한 속력으로 회전하고 있을 때 물체에 작용하

는 F_{cent}의 방향은 $\vec{\omega}$방향에 대하여 직각 방향이 되고 그 크기는

$$|F_{cent}| = mr\omega^2 \quad \cdots\cdots\cdots\cdots \langle 식\ 8\text{-}14 \rangle$$

이 된다. 그러면 자전하는 지구의 표면위의 한 점에서의 원심력을 고려해 보자. <그림 8-7>에서 지표면 위의 질량 m인 물체에 작용하는 F_{cent}와 만유인력의 합에 의해 표준 중력의 방향은 지구 중심을 향하지 않는다.

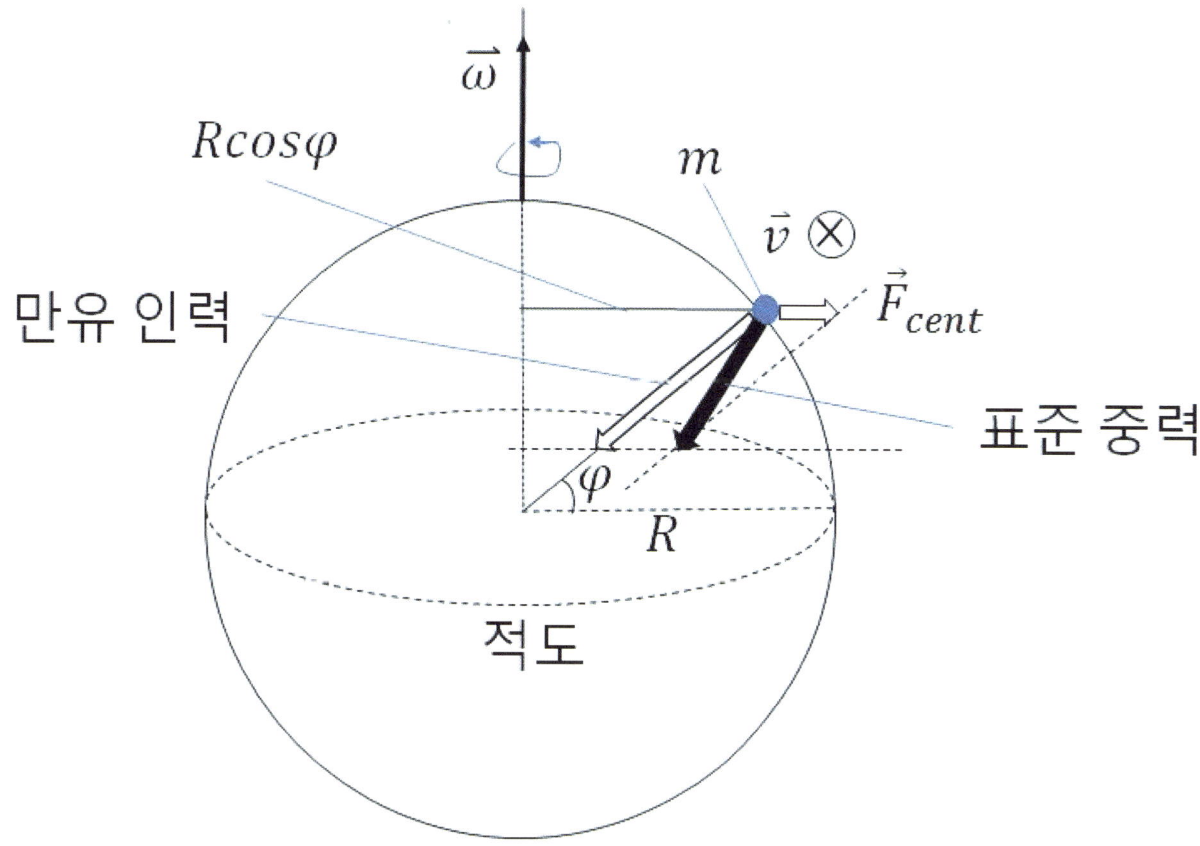

<그림 8-7>

F_{cent}의 크기는 <식 8-14>을 사용하면

$$|F_{cent}| = m(R\cos\varphi)\omega^2 \quad \cdots\cdots\cdots\cdots \langle 식\ 8\text{-}15 \rangle$$

이 되고 고위도로 갈수록 $\cos\varphi$가 커져 F_{cent}의 크기는 커진다. 한편 질량 m인 물체의 실질적인 중력 가속도 g_{eff}는

$$\overrightarrow{g_{eff}} = \vec{g} - \vec{\omega} \times (\vec{\omega} \times \vec{r})$$

이 된다.

5. 푸코 진자(Foucault’ s pendulum)

푸코 진자는 지구의 자전을 증명하기 위해 푸코가 고안한 진자를 말하고 길이가 67m인 줄에 28kg의 추를 매달고 실험하였다.

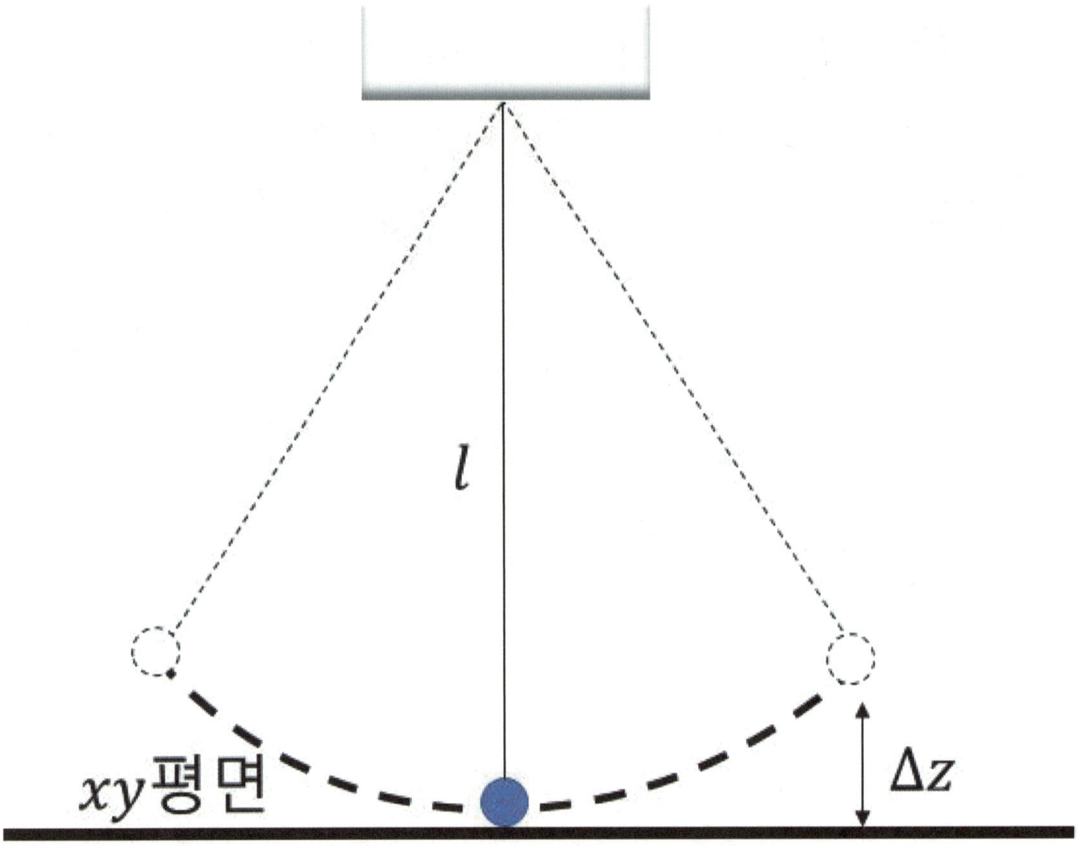

<그림 8-8>

진자의 길이 l이 길면 <그림 8-8>처럼 추의 운동은 xy평면에서 운동하는 것으로 생각할 수 있고 $\hat{z}$방향의 성분은 0($\Delta z \approx 0$)으로 둘 수 있다.

질량 m인 추가 xy평면에서 운동할 때의 전향력의 크기를 계산해 보자.

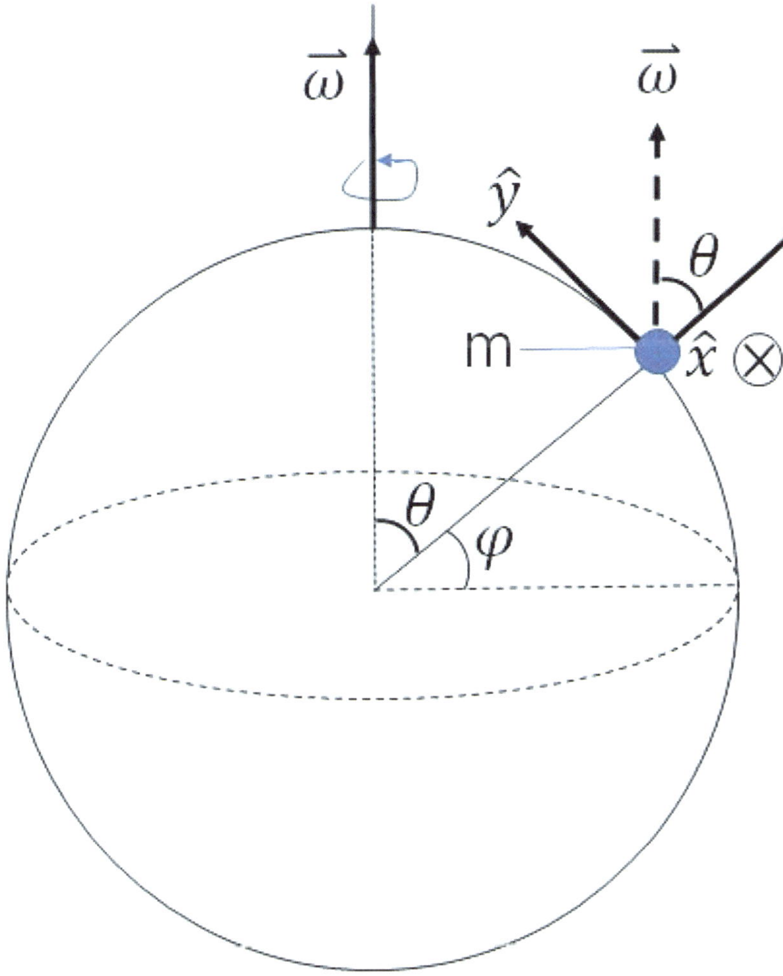

<그림 8-9>

<그림 8-9>에서 $\vec{\omega}$를 $\hat{z}$과 $\hat{y}$의 두 성분으로 표시하면

$$\vec{\omega} = \omega\cos\theta\hat{z} + \omega\sin\theta\hat{y} \quad \cdots\cdots\cdots\cdots \text{<식 8-16>}$$

으로 나타낼 수 있고 $\vec{F}_{cori} = -2m\vec{\omega}\times\vec{v}$를 사용하여 전향력을 구하면

$$\vec{F}_{cori} = -2m(\omega\cos\theta\hat{z} + \omega\sin\theta\hat{y})\times\vec{v} \quad \cdots\cdots\cdots\cdots \text{<식 8-17>}$$

가 된다. <식 8-17>에서 $\hat{z}\times\vec{v}$의 방향은 xy평면에 있고 $\hat{y}\times\vec{v}$의 방향은 $\hat{z}$방향에 있으므로 xy평면 방향의 $\vec{F}_{cori}^{xy}$는

$$\overrightarrow{F}^{xy}_{cori} = -2m\omega\cos\theta\hat{z}\times\overrightarrow{v}$$

이고 $\hat{z}\perp\overrightarrow{v}$이므로

$$\overrightarrow{F^{xy}_{cori}} = -2m\omega v\cos\theta$$

$$= -2m\omega v\cos(\frac{\pi}{2}-\varphi)$$

$$= -2m\omega v\sin\varphi \quad \cdots\cdots\cdots\cdots < 식8-18 >$$

가 된다. 그러므로 푸코 진자의 각속도 ω_F는

$$\omega_F = \omega\sin\varphi \quad \cdots\cdots\cdots\cdots〈식\ 8\text{-}19〉$$

가 된다. 극지방 $\varphi=90^\circ$에서는 $\omega_F=\omega$이므로 푸코 진자의 각속도는 지구의 자전 각속도와 같아 360°한 바퀴 회전하는 데 걸리는 시간은 $24h$, $\varphi=30^\circ$에서는 $\omega_F=\omega\frac{1}{2}$이므로 푸코 진자의 각속도는 지구의 자전 각속도의 반이므로 360°한 바퀴 회전하는 데 걸리는 시간은 $48h$이 걸린다. $\varphi=0^\circ$인 적도에서는 $\omega_F=0$이므로 푸코 진자는 회전하지 않는다.

9장_바람

마찰이 없는 상태에서 기압 경도력과 전향력이 평형을 이룰 때 등압선과 나란히 부는 바람을 지균풍(Geostropic wind)이라고 한다. 기압 경도력과 지균풍을 알아보자.

1. 기압 경도력

두 지점 사이의 거리에 대한 기압 차에 의해 발생하는 힘이며 바람이 부는 근원적인 힘으로 기압이 높은 곳에서 낮은 곳으로 작용한다.

<그림 9-1>과 <그림 9-2>를 통해 기압 경도력을 알아보고 식을 유도해 보자

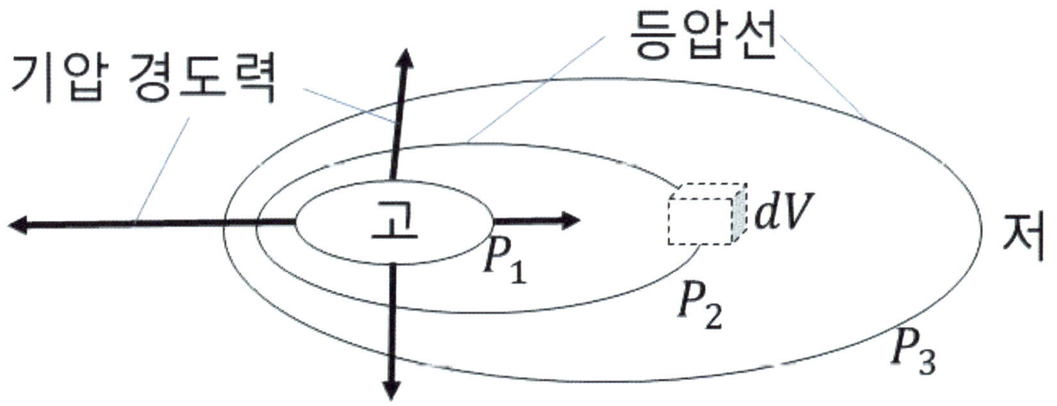

<그림 9-1>

<그림 9-1>에서 기압 경도력은 등압선 P에 수직하게 작용하고 $P_1 > P_2 > P_3$인 관계가 있다.

2. 기압 경도력 유도

<그림 9-1>에서 dV는 미소 육면체를 나타내고 이를 자세히 확대하여 그린 그림은 <그림 9-2>가 된다.

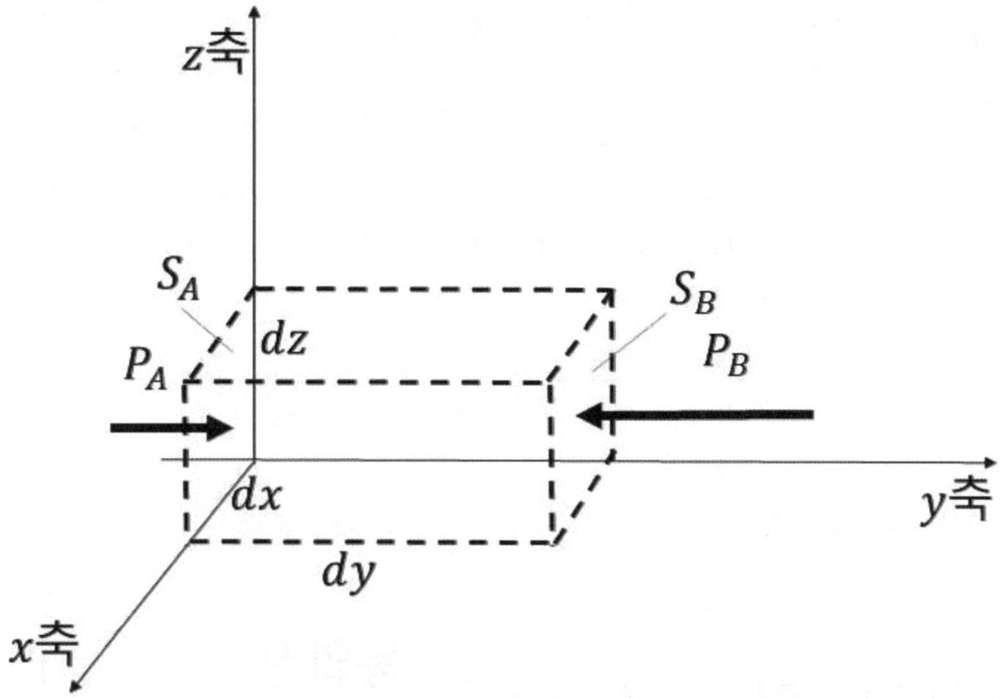

<그림 9-2>

<그림 9-2>에서 S_A면에 작용하는 압력은 P_A, S_B면에 작용하는 압력은 P_B이고 $P_B > P_A$, $S = S_A = S_B$의 관계가 있다고 하자. 미소 체적에서 y방향으로 작용하는 힘 F_y들을 합해보면

$$F_y = S_A P_A - S_B P_B$$
$$= - SdP \, (dP = P_B - P_A)$$

이 되고 $S = dxdz$이므로

$$F_y = - dx\,dz\,dP \, (dP = \frac{\partial P}{\partial y} dy)$$
$$= - dxdydz \frac{\partial P}{\partial y} \quad \cdots\cdots\cdots\cdots < 식 9-1 >$$

가 된다. 같은 방법으로 F_x, F_z를 구하면

$$F_x = - dxdydz \frac{\partial P}{\partial x} \quad \cdots\cdots\cdots\cdots < 식 9-2 >$$

$$F_z = -dxdydz\frac{\partial P}{\partial z}$$ ······< 식9−3 >

가 된다. 미소 체적의 질량 m은 공기의 밀도를 ρ라고 두면 $m = \rho dxdydz$이고 이를 <식 9-1>~<식 9-3>의 양변에 나누면 단위 질량당 받는 힘의 크기가 된다.

$$\frac{F_y}{m} = -\frac{1}{\rho dxdydz}dxdydz\frac{\partial P}{\partial y} = -\frac{1}{\rho}\frac{\partial P}{\partial y}$$ ············<식 9-4>

$$\frac{F_x}{m} = -\frac{1}{\rho dxdydz}dxdydz\frac{\partial P}{\partial x} = -\frac{1}{\rho}\frac{\partial P}{\partial x}$$ ············<식 9-5>

$$\frac{F_z}{m} = -\frac{1}{\rho dxdydz}dxdydz\frac{\partial P}{\partial z} = -\frac{1}{\rho}\frac{\partial P}{\partial z}$$ ············<식 9-6>

가 된다. <식 9-4>~<식 9-6>을 합해보면

$$\frac{1}{m}(F_x\hat{x} + F_y\hat{y} + F_z\hat{z}) = -\frac{1}{\rho}(\frac{\partial}{\partial x}\hat{x} + \frac{\partial}{\partial y}\hat{y} + \frac{\partial}{\partial z}\hat{y})P$$

가 되고 식은

$$\vec{F} = F_x\hat{x} + F_y\hat{y} + F_z\vec{z},\ \nabla = \frac{\partial}{\partial x}\hat{x} + \frac{\partial}{\partial y}\hat{y} + \frac{\partial}{\partial z}\hat{z}$$

의 관계를 이용하면

$$\frac{\vec{F}}{m} = -\frac{1}{\rho}\nabla P$$ ············<식 9-7>

가 된다. <식 9-7>이 기압 경도력에 관한 식이고 식에서 (−)부호는 힘이 기압이 높은 곳에서 낮은 곳으로 작용함을 의미한다.

한편 고도(z)가 높아짐에 따라 기압이 감소해 <식 9-6>에서 힘은 연직방향으로도 작용하지만 중력과 평형을 이루는 곳에서 힘의 합이 상쇄된다. 다시 말해 $F_z = -\frac{m}{\rho}\frac{\partial P}{\partial z}$의 값은 질량 m에 작용하는 중력의 크기 mg(g: 중력 가속도)와 같아져

$$F_z = -\frac{m}{\rho}\frac{\partial P}{\partial z} = mg$$

$$dP = -\rho g dz \quad \cdots\cdots\cdots\cdots \langle 식\ 9\text{-}8 \rangle$$

가 된다. 〈식 9-8〉을 정역학 방정식이라 한다.

3. 지균풍 속력 방정식 유도

지균풍에 관한 속력을 두 가지 방법으로 구해보자.

첫 번째로 간단하게 〈그림 9-3〉과 같이 위도가 φ인 곳에서 마찰이 없는 지상 1000m인 지점에서 전향력과 기압 경도력이 같은 경우를 생각해 보자.

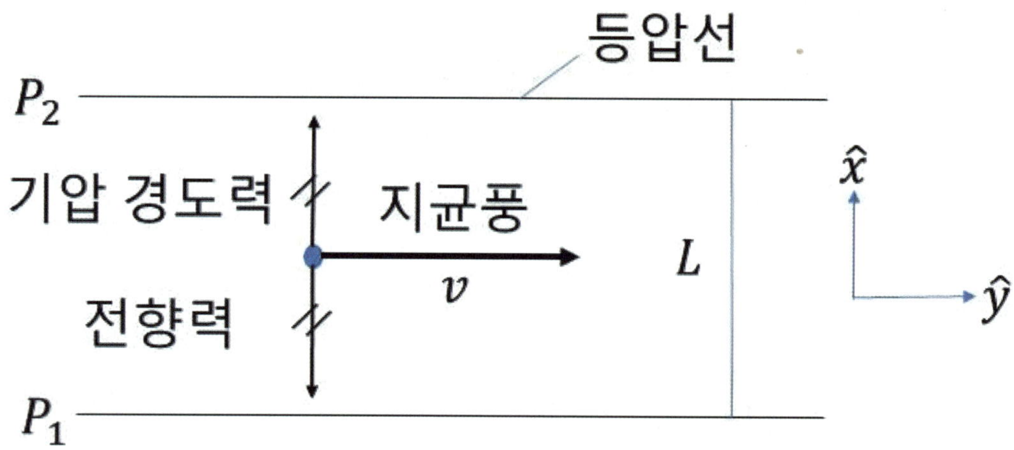

〈그림 9-3〉

기압이 $P_1 > P_2$일 때 등고선이 나란하면 기압 경도력은 $P_1 \rightarrow P_2$방향으로 향하고 전향력은 바람 방향의 오른쪽으로 향한다. 이 때 기압 경도력의 크기는 〈식 9-7〉을 사용하고 한 방향으로만 작용하므로 $\frac{\vec{F}}{m} = -\frac{1}{\rho}\nabla P$은 다음과 같아진다.

$$\frac{\vec{F}}{m} = -\frac{1}{\rho}\frac{dP}{dx} = -\frac{1}{\rho}\frac{dP}{dL} \quad \cdots\cdots\cdots\cdots \langle 식\ 9\text{-}9 \rangle$$

이 되고, 전향력은 〈식 8-7〉을 사용하면

$$|F_{cori}| = 2m\omega v \sin\varphi \quad \cdots\cdots\cdots\cdots \langle 식\ 9\text{-}10 \rangle$$

이므로 〈식 9-9〉와 〈식 9-10〉은 크기가 같으므로

$$-\frac{m}{\rho}\frac{dP}{dL} = 2m\omega v sin\varphi$$

$$v = -\frac{1}{2\rho\omega\sin\varphi}\frac{dP}{dL} \quad \cdots\cdots\cdots\cdots \langle 식\ 9\text{-}11 \rangle$$

가 된다. 〈식 9-11〉은 지균풍의 속력은 기압 경도력이 클수록 빠르며, 저위도로 갈수록 빠르다는 것을 의미한다. 물론 두 등압선 사이의 거리에 반비례한다.

두 번째로 운동 방정식을 통해 지균풍의 속력을 유도해 보자. 지구는 회전하는 천체이므로 8장에서 사용되었던 회전 좌표계를 이용하고 뉴턴의 운동 법칙 $F = ma$와 $a = \frac{dv}{dt}$를 사용하면 운동 방정식은

$$m\frac{d\vec{v}}{dt} = -2m\vec{\omega} \times \vec{v} - \frac{m}{\rho}\nabla P + \vec{g} + \vec{F_r} \quad \cdots\cdots\cdots\cdots \langle 식\ 9\text{-}12 \rangle$$

가 된다. 식에서 $-2m\vec{\omega} \times \vec{v}$은 전향력, $-\frac{m}{\rho}\nabla P$는 기압 경도력, g는 만유인력과 원심력에 의한 중력 가속도, $\vec{F_r}$은 지표면과의 마찰력을 의미한다.

먼저 〈그림 9-4〉를 고려해 보자

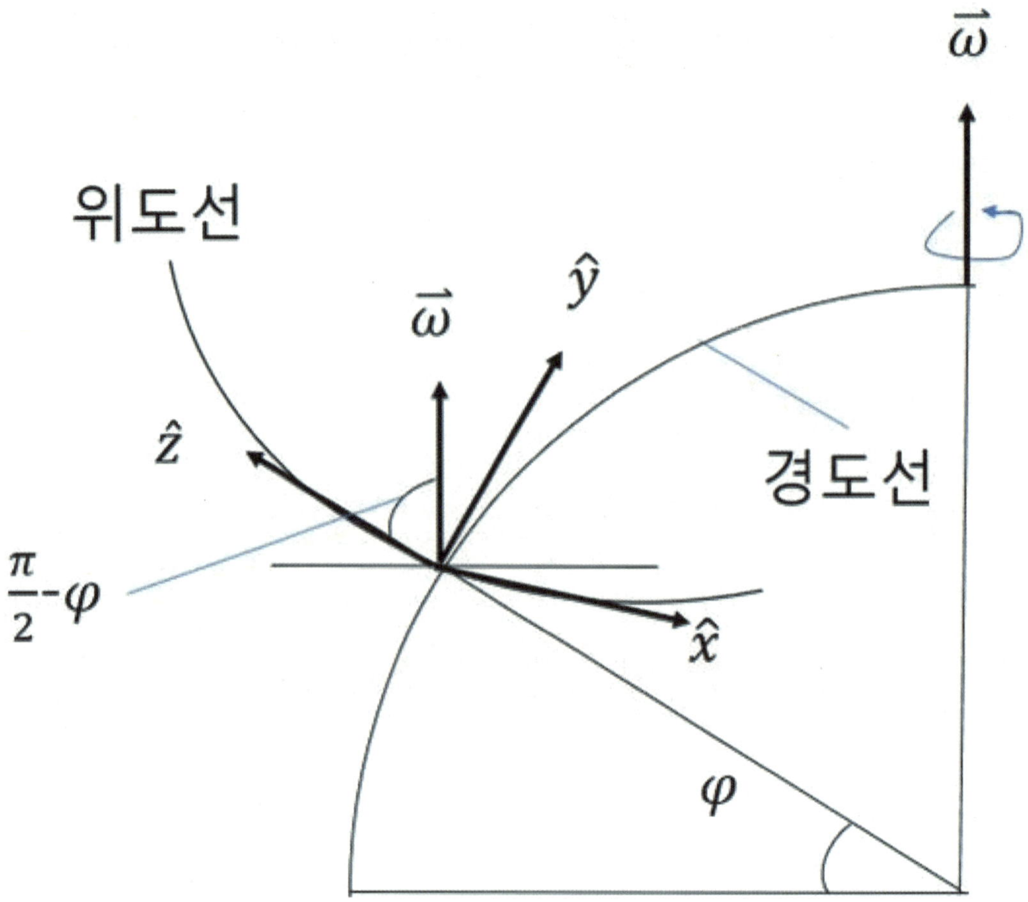

<그림 9-4>

<그림 9-4>는 위도φ인 지점의 위도선과 경도선을 표시하였고 그 지점에서의 $\hat{x}, \hat{y}, \hat{z}$방향을 나타내었다. $\vec{\omega}$의 $\omega_x, \omega_y, \omega_z$성분은 각각

$$\omega_x = 0$$

$$\omega_y = \omega\cos\varphi$$

$$\omega_z = \omega\sin\varphi \quad \cdots\cdots\cdots\cdots < 식 9-13 >$$

이고,

$$\vec{g} = -g\hat{z} \quad \cdots\cdots\cdots\cdots \langle 식\ 9\text{-}14 \rangle$$

이며

$$-\frac{m}{\rho}\nabla P = -\frac{m}{\rho}\left(\frac{\partial P}{\partial x}\hat{x} + \frac{\partial P}{\partial y}\hat{y} + \frac{\partial P}{\partial z}\hat{z}\right) \quad \cdots\cdots\cdots\cdots \langle 식\ 9\text{-}15 \rangle$$

가, $-2m\vec{\omega}\times\vec{v}$는

$$-2m\vec{\omega}\times\vec{v} = -2m\begin{vmatrix} \hat{x} & \hat{y} & \hat{z} \\ 0 & \omega\cos\varphi & \omega\sin\varphi \\ \vec{v_x} & \vec{v_y} & \vec{v_z} \end{vmatrix}$$

$$= -2m\omega[(v_z\cos\varphi - v_y\sin\varphi)\hat{x} + v_x\sin\varphi\hat{y} + v_x\cos\varphi\hat{z}] \quad \cdots\cdots\cdots\cdots < 식\,9-16 >$$

가

$$\vec{F_r} = F_{rx}\hat{x} + F_{ry}\hat{y} + F_{rz}\vec{z} \quad \cdots\cdots\cdots\cdots \langle 식\ 9\text{-}17 \rangle$$

가 된다. <식 9-14>~<식 9-17>을 <식 9-12>에 대입하고 $\hat{x}, \hat{y}, \hat{z}$성분을 각각 표현하면

$$\frac{dv_x}{dt} = -\frac{1}{\rho}\frac{\partial P}{\partial x} + 2\omega(v_y\sin\varphi - v_z\cos\varphi) + F_{rx} \quad \cdots\cdots\cdots\cdots \langle 식\ 9\text{-}18 \rangle$$

$$\frac{dv_y}{dt} = -\frac{1}{\rho}\frac{\partial P}{\partial y} - 2\omega v_x\sin\varphi + F_{ry} \quad \cdots\cdots\cdots\cdots \langle 식\ 9\text{-}19 \rangle$$

$$\frac{dv_z}{dt} = -\frac{1}{\rho}\frac{\partial P}{\partial z} - 2\omega v_x\cos\varphi - g + F_{rz} \quad \cdots\cdots \langle 식\ 9\text{-}20 \rangle$$

이 된다. 바람이 x, y평면에서 불면 <식 9-18>의 $v_z\cos\varphi = 0$, <식 9-20>의 $\frac{dv_z}{dt} = 0$, <식 9-20>에서 $g \gg 2\omega v_x\cos\varphi$, 또한 지상 1000m 지점에서는 지표면과의 마찰을 무시할 수 있으므로 $F_{rx} = F_{ry} = F_{rz} = 0$이 되고 $f = 2\omega\sin\varphi$로 두면

$$\frac{dv_x}{dt} = -\frac{1}{\rho}\frac{\partial P}{\partial x} + fv_y \quad \cdots\cdots\cdots\cdots \langle 식\ 9\text{-}21 \rangle$$

$$\frac{dv_y}{dt} = -\frac{1}{\rho}\frac{\partial P}{\partial y} - fv_x \quad \cdots\cdots\cdots\cdots \langle 식\ 9\text{-}22 \rangle$$

$$0 = -\frac{1}{\rho}\frac{\partial P}{\partial z} - g \quad \cdots\cdots\cdots\cdots \langle 식\ 9\text{-}23 \rangle$$

가 성립한다. <식 9-23>은 <식 9-8>과 같은 식으로 정역학 방정식을 나타낸다.

한편 기압 경도력과 전향력이 평형을 이루어 질량 m인 공기에 작용하는 알짜힘이 0이면

$$\frac{dv_x}{dt} = \frac{dv_y}{dt} = 0$$

이므로 <식 9-21>과 <식 9-22>는

$$fv_y = \frac{1}{\rho}\frac{\partial P}{\partial x} \quad \cdots\cdots\cdots\cdots \langle 식\ 9\text{-}24 \rangle$$

$$fv_x = -\frac{1}{\rho}\frac{\partial P}{\partial y} \quad \cdots\cdots\cdots\cdots \langle 식\ 9\text{-}25 \rangle$$

가 된다. 만약 지균풍의 흐름 방향을 $\hat{x}$방향이라고 하면 <식 9-24>에서 $\frac{\partial P}{\partial x} = 0$이고 지균풍 v_x를 $v_x = V_g$로 바람 방향의 직각방향 $\hat{y}$을 $\hat{n}$으로 두면 <식 9-25>는

$$V_g = -\frac{1}{\rho f}\frac{\partial P}{\partial n} \quad \cdots\cdots\cdots\cdots \langle 식\ 9\text{-}26 \rangle$$

가 된다. 이 식이 지균풍의 속도이고 <식 9-11>

$$v = -\frac{1}{2\rho\omega\sin\varphi}\frac{dP}{dL}(dL = dn)$$

와 같은 식이 된다.

10장_지진파

지구 내부 암석에 힘이 작용하면 암석이 변형되었다가 어느 한계 이상이 되면 축적된 에너지가 한꺼번에 방출되면서 파동의 형태로 전파된다. 지진이 발생하였을 때 발생하는 지진파에는 실체파인 P파(종파)와 S파가 있다.

1. 파의 속도

파들은 매질의 성질에 따라 속도가 변하면서 전파해 간다. P파의 속도 v_P는

$$v_P = \sqrt{\frac{k + \frac{4}{3}\mu}{\rho}} \quad \cdots\cdots\cdots\cdots \langle 식\ 10\text{-}1 \rangle$$

가 되고, S파의 속도 v_S는

$$v_S = \sqrt{\frac{\mu}{\rho}} \quad \cdots\cdots\cdots\cdots \langle 식\ 10\text{-}2 \rangle$$

가 된다. <식 10-1>과 <식 10-2>에서 k는 체적 탄성 계수, μ는 강성률(전단 계수), ρ는 밀도를 각각 나타낸다. 체적 탄성률과 강성률은 각각 <그림 10-1>과 <그림 10-2>와 같다.

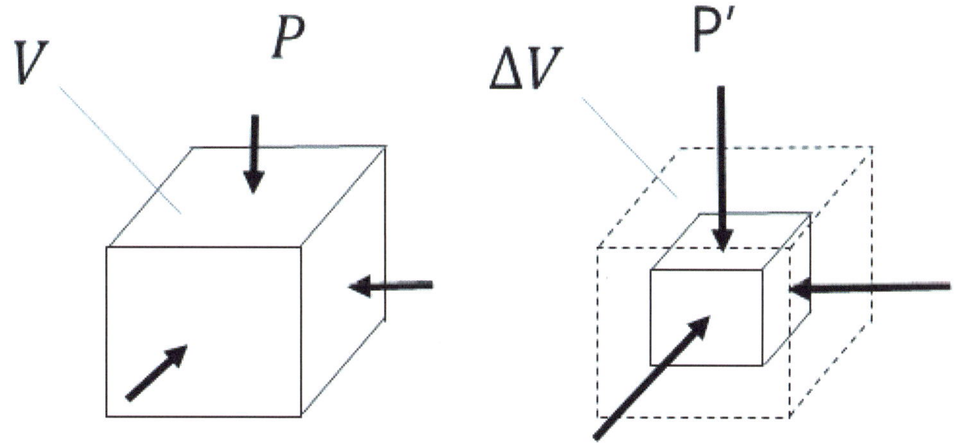

<그림 10-1>

체적 탄성 계수 k는

$$k = \frac{\Delta P}{\frac{\Delta V}{V}} = V\frac{\Delta P}{\Delta V} \quad \cdots\cdots\cdots\cdots \langle \text{식 } 10\text{-}3 \rangle$$

가 된다. 만약 ΔP의 변화에 ΔV의 변화율이 크면 k값은 작아지고, $\Delta V = 0$이면 k는 ∞에 접근한다.

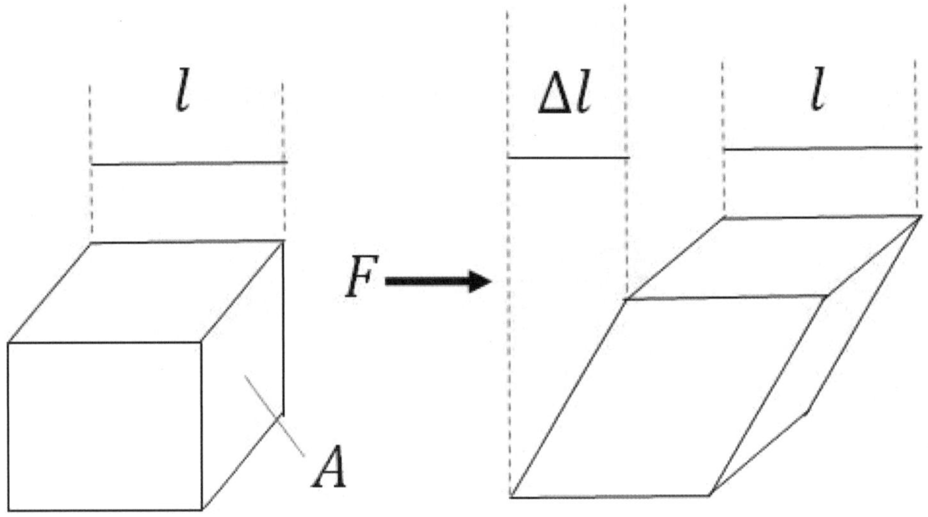

〈그림 10-2〉

강성률 μ는

$$\mu = \frac{\frac{\Delta F}{A}}{\frac{\Delta l}{l}} = \frac{l}{A}\frac{\Delta F}{\Delta l} \quad \cdots\cdots\cdots\cdots \langle \text{식 } 10\text{-}4 \rangle$$

가 된다. 만약 ΔF의 변화에 Δl이 작아지면 μ는 증가하고, $\Delta l = \infty$이면 μ는 0에 접근한다.

〈식 10-1〉과 〈식 10-2〉에서 동일한 매질에서 $v_P > v_S$, 매질의 강성률이 높을수록 v_P, v_S는 증가, 힘의 변화 ΔF에 따른 Δl의 변화는 액체와 기체에서는 $\Delta l = \infty$이므로 $\mu = 0$이 되어 외핵에서의 v_S는 〈식 10-2〉에 의해 $v_S = 0$이 된다.

2. 주시 곡선 (Time-distance curve)

주시 곡선이란 지진 관측소에서 진앙까지의 거리 X와 지진파가 도착하는 데 걸린 시간 t의 관계를 나타낸 그래프이다. <그림 10-3>에서 X와 t사이의 관계식을 유도해 보자.

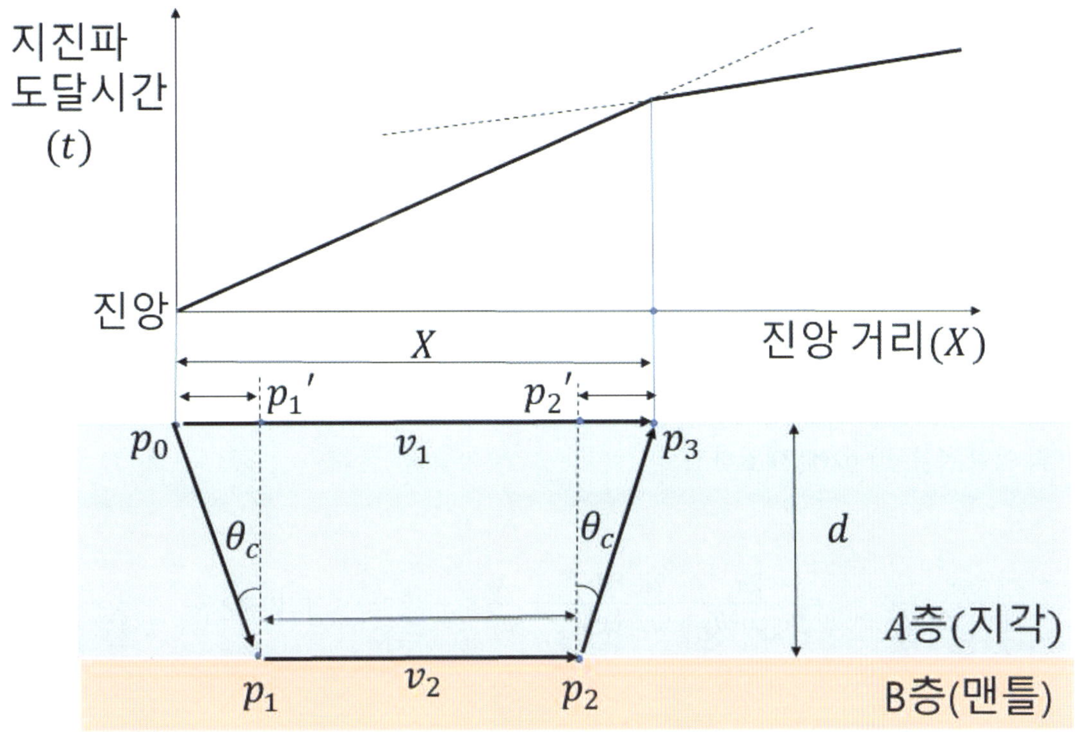

<그림 10-3>

<그림 10-3>은 p_0점에서 발생한 지진파가 $p_0 \to p_1' \to p_2' \to p_3$경로와 $p_0 \to p_1 \to p_2 \to p_3$경로로 동시에 p_3점에 도달하는 것을 나타낸 것으로 A층과 B층에서의 지진파의 속도의 크기는 각각 v_1, v_2이며 $v_1 < v_2$의 관계에 있다. p_0점에서 p_1점으로 지진파는 v_1 속도로 임계각 θ_c로 입사하여 90°의 각도로 굴절하여 B층을 v_2속도로 진행하는 것을 나타낸 것이다.

$p_0 \to p_1 \to p_2 \to p_3$경로의 주행 시간을 t라고 하면

$$t = \frac{\overline{p_0p_1}}{v_1} + \frac{\overline{p_1p_2}}{v_2} + \frac{\overline{p_2p_3}}{v_1} \quad \cdots\cdots\cdots\cdots \text{<식 10-5>}$$

가 된다. <식 10-5>의 $\overline{p_0p_1}$와 $\overline{p_2p_3}$는 $\frac{d}{\cos\theta_c}$로 같고, $\overline{p_1p_2}$는 $X - 2\overline{p_0p_1'}$이고 $\tan\theta_c = \frac{\overline{p_0p_1'}}{d}$이므로

$\overline{p_0p_1} = \frac{d}{\cos\theta_c}$, $\overline{p_1p_2} = X - 2d\tan\theta_c$가 되어 <식 10-5>를 다시 정리하면

$$t=2\frac{d}{v_1\cos\theta_c}+\frac{X-2d\tan\theta_c}{v_2}$$

$$=\frac{2d}{v_1\cos\theta_c}-\frac{2d}{v_2}\frac{\sin\theta_c}{\cos\theta_c}+\frac{X}{v_2} \quad \cdots\cdots\cdots\cdots < 식10-6 >$$

가 된다. p_1점에서의 굴절의 법칙을 적용하면

$$\frac{\sin 90^\circ}{\sin\theta_c}=\frac{v_2}{v_1}\Rightarrow v_2=\frac{v_1}{\sin\theta_c} \quad \cdots\cdots\cdots\cdots〈식\ 10\text{-}7〉$$

이 되는데 이를 〈식 10-6〉에 대입하면

$$t=\frac{2d}{v_1\cos\theta_c}-\frac{2d}{v_1}\frac{\sin^2\theta_c}{\cos\theta_c}+\frac{X}{v_2} \quad \cdots\cdots\cdots\cdots〈식\ 10\text{-}8〉$$

가 된다.

$$\sin^2\theta_c=1-\cos^2\theta_c 와\ \cos\theta_c=\sqrt{1-\sin^2\theta_c}=\sqrt{1-(\frac{v_1}{v_2})^2}$$

의 관계를 이용하면 〈식 10-8〉은 다음과 같이 된다.

$$t=\frac{2d\sqrt{v_2^2-v_1^2}}{v_1v_2}+\frac{X}{v_2} \quad \cdots\cdots\cdots\cdots〈식\ 10\text{-}9〉$$

〈식 10-9〉식이 주행 시간 t와 거리 X와의 관계식이 된다.

$p_0\rightarrow p_1'\rightarrow p_2'\rightarrow p_3$경로 주행 시간 t는

$$t=\frac{X}{v_1} \quad \cdots\cdots\cdots\cdots〈식\ 10\text{-}10〉$$

가 된다. 〈그림 10-3〉에서 그래프의 기울기는 〈식 10-10〉과 〈식 10-9〉를 X에 대해 미분하면 되고, 각각

$$\frac{dt}{dX} = \frac{1}{v_1},\ \frac{dt}{dX} = \frac{1}{v_2}$$

이 되고 $v_1 < v_2$이므로 $\frac{1}{v_1} > \frac{1}{v_2}$의 관계가 성립한다.

주시 곡선의 기울기는 지진파의 속도에 반비례한다. 진앙거리가 멀수록 기울기가 완만하고 진앙거리가 멀수록 지진파의 속도가 빨라짐을 의미한다.

지층 아래로 내려 갈수록 지층의 밀도는 증가하기 때문에 <그림 10-3>은 지층이 3개의 층으로 되어 있을 때는 <그림 10-4>와 같이, 지층의 밀도가 연속적일 때는 <그림 10-5>처럼 곡선 그래프가 된다.

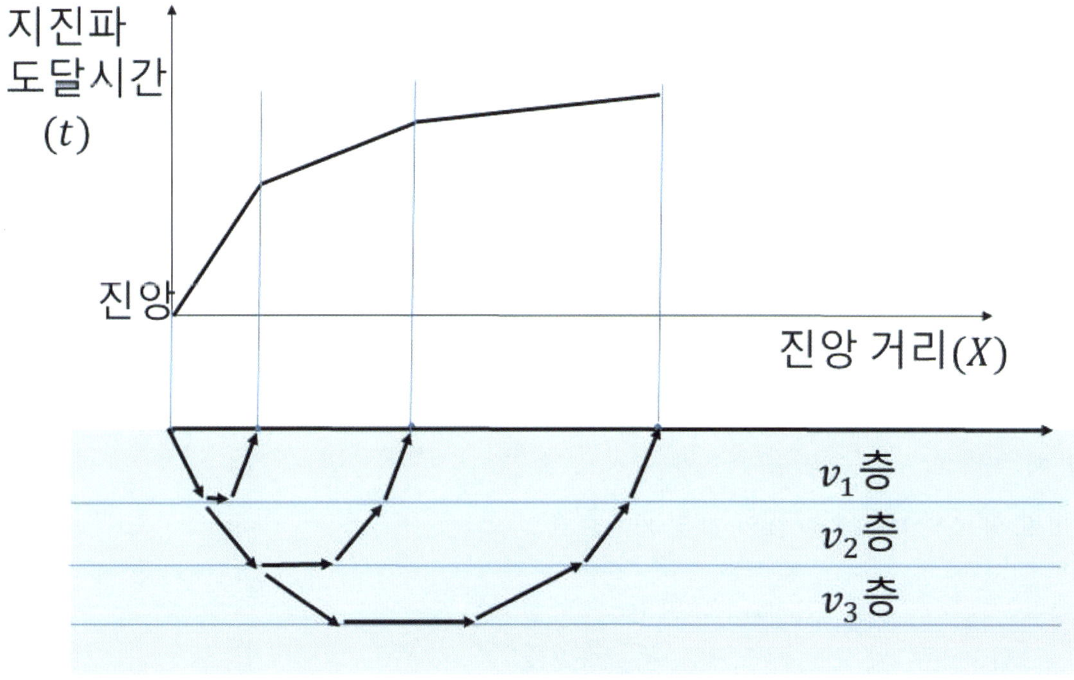

<그림 10-4>

주시곡선에서 굴절현상이 생기는 이유는 지구 내부로 갈수록 밀도가 커지기 때문이고 일반적으로 지진파의 속도는 밀도가 큰 매질에서 빨라지기 때문이다.

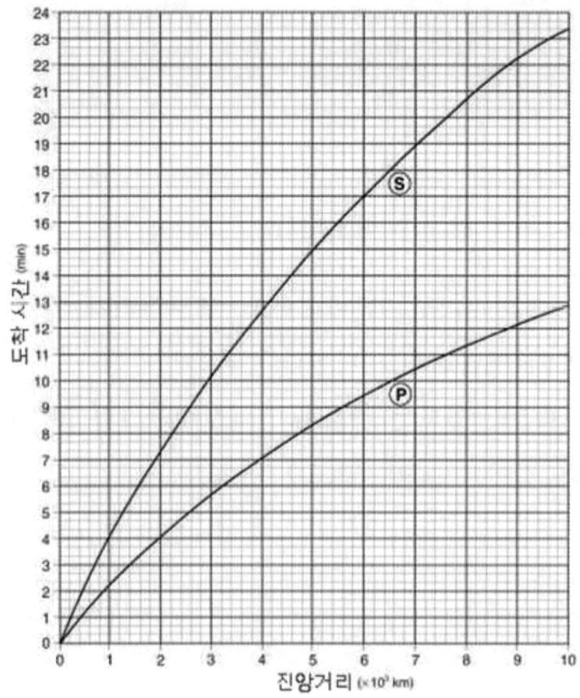

<그림 10-5>

<그림 10-5>의 주시 곡선에서 P파와 S파 사이의 시간 간격을 PS시라고 하며 곡선 사이에 간격을 맞춘 후 아래로 내리면 그 거리가 진앙까지의 거리가 된다.

3. 지각의 두께 측정

<그림 10-3>에서 A층을 지각, B층을 맨틀이라고 하고 각층에서 지진파의 전파 속도가 각각 v_1, v_2일 때 지각의 두께 d를 구해 보자.

<식 10-9>와 <식 10-10>은 같은 값을 가지므로

$$\frac{X}{v_1}=\frac{2d\sqrt{v_2^2-v_1^2}}{v_1 v_2}+\frac{X}{v_2}$$

가 성립하고 식을 다시 정리하면

$$d=\frac{X}{2}\sqrt{\frac{v_2-v_1}{v_2+v_1}} \quad \cdots\cdots\cdots\cdots \text{<식 10-11>}$$

이 된다. <식 10-11>에서 X를 구하면 d를 알 수 있다.

11장_천체까지의 거리 측정

1. 지구에서 달까지의 거리

지구에 가까이 있는 달이나 금성 같은 경우 지구에서 발사된 레이저 빛이 다시 되돌아오는 시간을 이용하여 달이나 금성까지의 거리를 구할 수 있다.

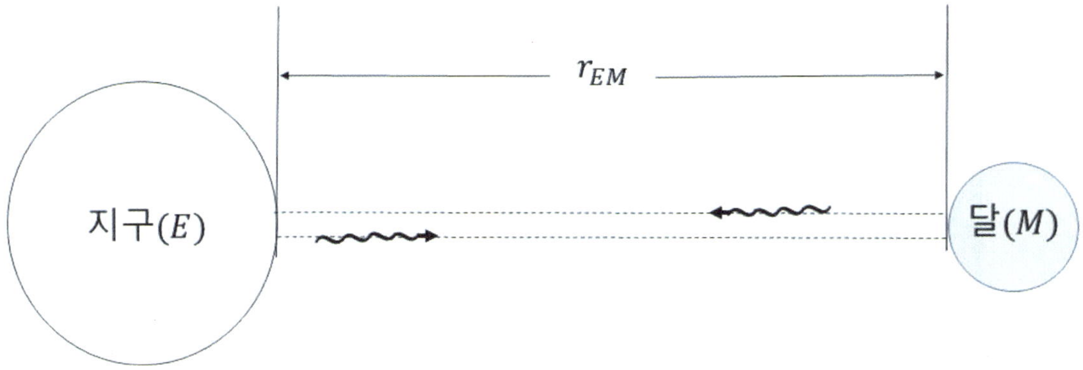

〈그림 11-1〉

〈그림 11-1〉처럼 지구 표면에서 발사된 레이저 빛이 달 표면에서 반사되어 지구로 되돌아오는 데는 대략 2.6s가 되므로 달까지의 거리 r_{EM}은

$$r_{EM} = c \times t (c\text{: 광속도})$$

가 되고 $c = 30 \times 10^4 \text{km/s}$, $t = \frac{2.6\text{s}}{2}$를 대입하면

$$\begin{aligned} r_{EM} &= 30 \times 10^4 \text{km/s} \times \frac{2.6\text{s}}{2} \\ &= 39 \times 10^4 \text{km} \end{aligned}$$

가 된다. 달은 지구 주위를 타원 궤도를 그리며 공전하기 때문에 가장 가까이 있을 때와 가장 멀리 떨어져 있을 때의 거리는 각각 36×10^4km, 40.5×10^4km정도 된다. 실제 달에는 반사판이 설치되어 있어 지구에서 이 반사판을 향하여 레이저를 발사하고 반사판에 의해 반사된 레이저의 도달 시간을 측정하는 것을 오랫동안 해오고 있다.

태양과 지구 사이의 거리를 $1AU(1.496\times10^8\text{km}\approx1.5\times10^8\text{km})$(astronomical unit)라고 할 때 지구에 가장 가까이 금성이 있을 때 지구에서 발사된 레이저를 이용하여 거리를 측정하면 $0.28AU$정도가 된다.

지구와 태양 사이의 거리는 케플러 제 3법칙 $T^2=\frac{4\pi^2}{GM}a^3$을 이용하여 구할 수 있다.

2. 내행성과 태양 사이의 거리

<그림 11-2>처럼 내행성(수성, 금성)이 최대이각(α) 지점에 있을 때를 생각해 보자.

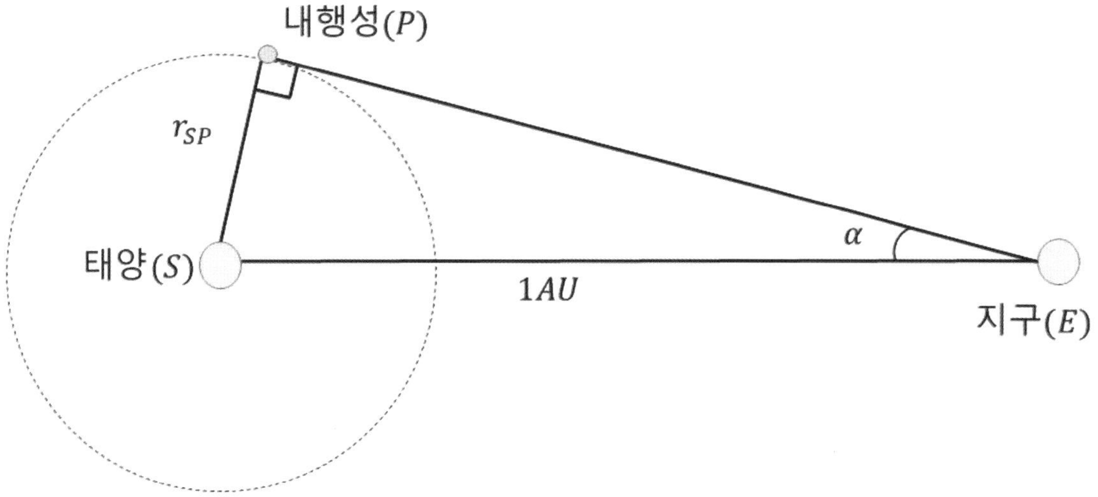

〈그림 11-2〉

태양과 행성 사이의 거리를 r_{SP}라고 할 때 $\triangle SEP$에서

$$\sin\alpha - \frac{r_{SP}}{1AU}$$

를 이용하면

$$r_{SP} = 1AU \times \sin\alpha$$

가 된다. 금성과 수성의 α값은 각각 46°, 24° 정도이므로

$$r_{S금성} = 1AU \times \sin46^{\circ} \approx 0.719AU$$

$$r_{S수성} = 1AU \times \sin24^{\circ} \approx 0.41AU$$

로 계산된다.

3. 외행성 화성과 태양 사이의 거리

행성의 주기를 알고 있는 화성과 태양까지의 거리를 〈그림 11-3〉을 통해 알아보자.

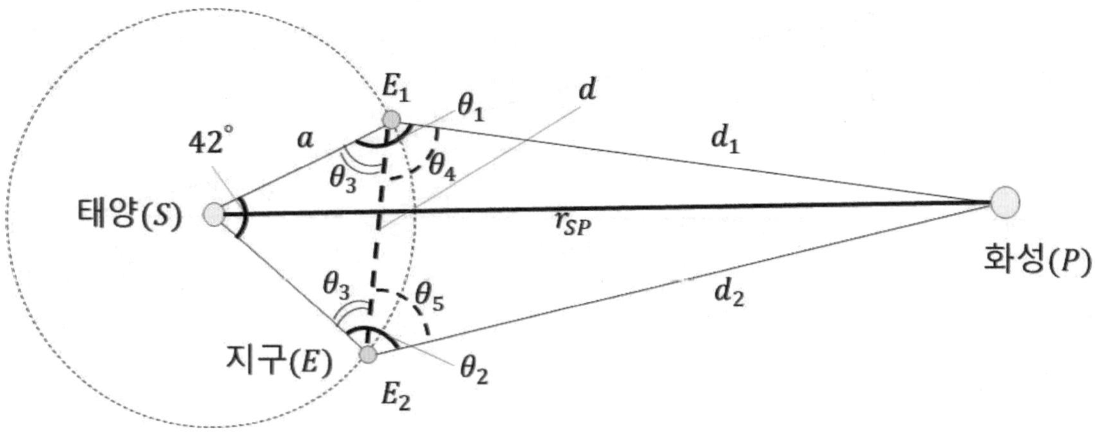

<그림 11-3>

화성의 공전 주기는 687일이므로 687일 동안 태양을 중심으로 360°회전하고 그동안 지구는 $\frac{687일}{365일}\times 360^\circ = 678^\circ$ 회전한다.

처음 지구가 E_1지점에서 687일 지나면 E_2지점에 위치하게 되고 화성은 다시 같은 지점에 위치하게 되고 $\angle E_1SE_2$는 42°가 된다.

지구가 E_1지점에 있을 때 $\angle SE_1P$는 측정값으로 θ_1, E_2지점에 있을 때 $\angle SE_2P$는 측정값으로 θ_2가 된다. $\angle SE_1E_2$와 $\angle SE_2E_1$은 θ_3로 같다.

지구와 태양 사이의 거리는 a, $\overline{E_1E_2}$를 d로 두고 $\triangle SE_1E_2$에서 코사인 법칙을 적용하면

$$d^2 = a^2 + a^2 - 2aa\cos 42^\circ$$

$$d = a\sqrt{2(1-\cos 42^\circ)}$$

가 된다.

θ_3를 구하기 위해 $\triangle SE_1E_2$에서 코사인 법칙을 적용하면

$$a^2 = a^2 + d^2 - 2ad\cos\theta_3$$

$$\cos\theta_3 = \frac{d}{2a}$$

$$\theta_3 = \cos^{-1}(\frac{d}{2a})$$

가 된다. <그림 11-3>에서 $\theta_4 = \theta_1 - \theta_3, \theta_5 = \theta_2 - \theta_3$이므로 θ_4와 θ_5값도 알 수 있다.

$\triangle PE_1E_2$에서 $\overline{E_1P}$를 d_1, $\overline{E_2P}$를 d_2로 놓고 코사인 법칙을 적용하면

$$d_2^2 = d_1^2 + d^2 - 2dd_1\cos\theta_4 \quad \cdots\cdots\cdots\cdots \langle 식\ 11\text{-}1\rangle$$

$$d_1^2 = d_2^2 + d^2 - 2dd_2\cos\theta_5 \quad \cdots\cdots\cdots\cdots \langle 식\ 11\text{-}2\rangle$$

가 되고 <식 11-1>를 <식 11-2>에 대입하면

$$d_1^2 = (d_1^2 + d^2 - 2dd_1\cos\theta_4) + d^2 - 2d\sqrt{d_1^2 + d^2 - 2dd_1\cos\theta_4}\cos\theta_5$$

$$d - d_1\cos\theta_4 = \sqrt{d_1^2 + d^2 - 2dd_1\cos\theta_4}\cos\theta_5$$

가 되고 양변을 제곱하고 정리하면

$$d_1^2(\cos^2\theta_4 - \cos^2\theta_5) + d_1(2d\cos\theta_4\cos^2\theta_5 - 2d\cos\theta_4) + d^2(1 - \cos^2\theta_5) = 0 \cdots\cdots\cdots\cdots \langle 식\ 11\text{-}3\rangle$$

이 되고 <식 11-3>은 d_1에 대한 이차 방정식이므로 d_1값을 구할 수 있다.

$\triangle SPE_1$에서 r_{SP}를 구하기 위해 코사인 법칙을 적용하면

$$r_{SP}^2 = a^2 + d_1^2 - 2ad_1\cos\theta_1$$

$$r_{SP} = \sqrt{a^2 + d_1^2 - 2ad_1\cos\theta_1} \quad \cdots\cdots\cdots\cdots \langle 식\ 11\text{-}4\rangle$$

가 되어 화성과 태양 사이의 거리를 구할 수 있다.

4. 연주시차를 이용한 별까지의 거리

지구가 <그림 11-4>처럼 태양 주위를 1년에 한 바퀴 돌 때 $\angle HSE_1$을 연주시차(annual parallax) (p'')라고 한다.

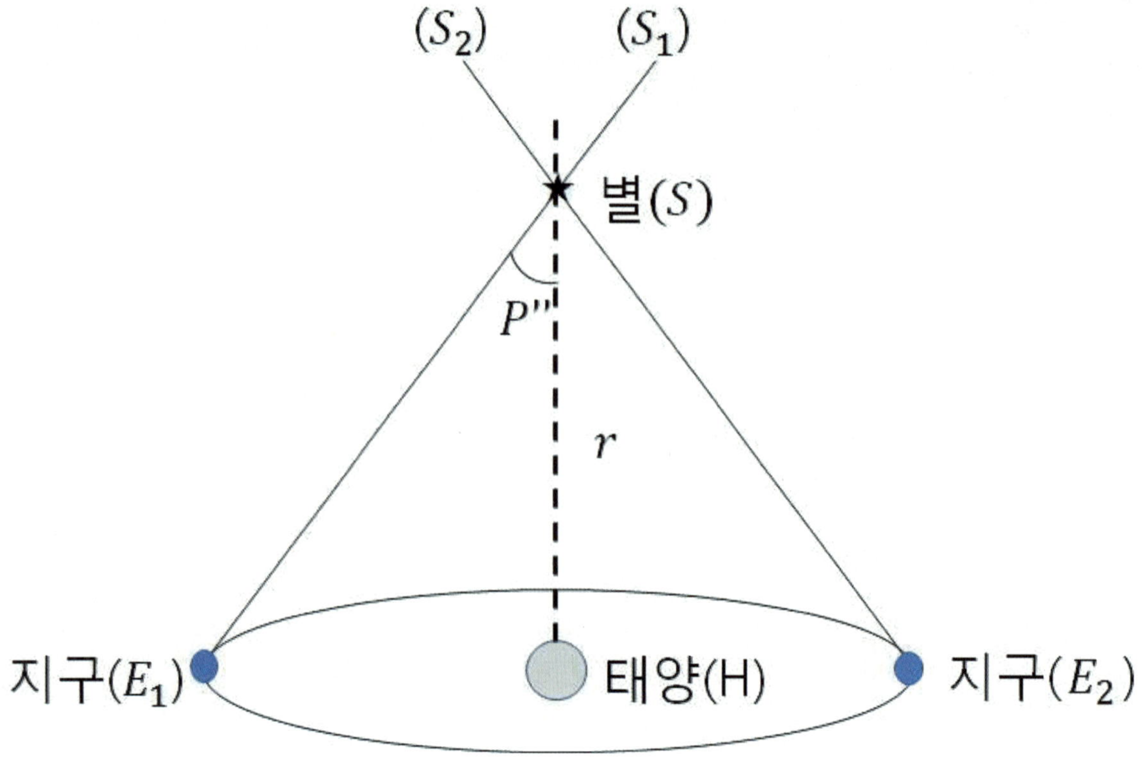

<그림 11-4>

별까지의 거리 r은

$$r(pc) = \frac{1}{p''}$$

이 된다. 거리 r의 단위는 pc(파섹), p''값이 작을수록 별까지의 거리는 멀어진다. $1pc$는 연주시차가 $1'' = (\frac{1}{3600})^\circ$ 일 때 별까지의 거리로 빛이 3.26년(ly)동안 진행한 거리와 같다. 즉

$$1pc = \frac{1}{1''} = 3.26\text{광년}$$

이 된다. 연주시차를 이용한 별까지의 거리는 측정오차로 인해 대략 $0.01''$(100pc = 326ly)까지가 한계이다.

지구에 가장 가까운 항성인 프록시마(Proxima)의 경우 연주시차가 $0.77''$이므로 이 별까지의 거리는

$$\frac{1}{0.77''} = 1.2987\text{pc} = 4.23\text{광년}$$

이 된다. 빛의 속력으로 4년 이상을 가야 만날 수 있는 거리에 있는 별이다.

5. 별의 밝기 등급을 이용한 별까지의 거리

1856년 포그슨(Pogson)은 1등성 별이 6등성 별 밝기의 거의 100배 정도 밝기 차이가 난다는 사실로부터 별 밝기의 한 등급 간 (1등성과 6등성 별 사이는 5등급 차이가 남)

$$100^{\frac{1}{5}} \approx 2.512\text{배}(2.512^5 \approx 100) \quad \cdots\cdots\cdots\cdots\langle\text{식 11-5}\rangle$$

차이가 남을 알아내었다.

〈그림 11-5〉처럼 지구로부터 거리만 다르고 다른 물리량들이 같은 두 별을 생각해 보자.

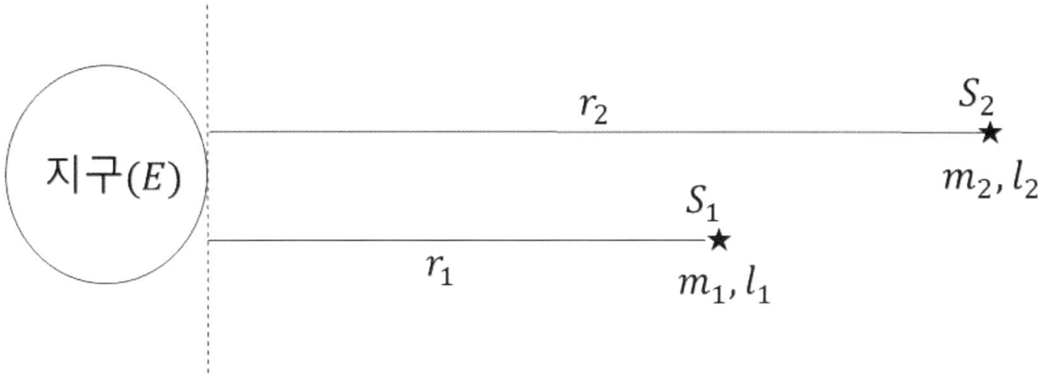

〈그림 11-5〉

〈그림 11-5〉에서 별 S_1은 지구로부터 r_1의 거리에 있고 겉보기 등급 m_1, 밝기 l_1을, 별 S_2는 지구로부터 r_2의 거리에 있고 겉보기 등급 m_2, 밝기 l_2를 가진다고 하자. 그러면 거리만 다른 별이므로 $m_1 < m_2$, $l_1 > l_2$의 관계가 성립하고 두 별의 겉보기 등급 차이와 밝기 차이는 각각

$$m_2 - m_1(\text{등급 차이})$$

$$\frac{l_1}{l_2}(\text{밝기 차이})$$

이 된다. 이 두 식을 〈식 11-5〉에 대입하면

$$100^{\frac{1}{5}(m_2-m_1)}=\frac{l_1}{l_2}$$

$$10^{\frac{2}{5}(m_2-m_1)}=\frac{l_1}{l_2}$$

이 된다. 식의 양변에 상용로그를 취하고 정리하면

$$m_2-m_1=\frac{5}{2}\log(\frac{l_1}{l_2})=-2.5\log(\frac{l_2}{l_1}) \quad \cdots\cdots\cdots\cdots \text{〈식 11-6〉}$$

가 된다. 〈식 11-6〉에는 별까지의 거리r에 대한 것이 없으므로 밝기와 거리에 관한 식

$$l_1 \propto \frac{1}{r_1^2},\ l_2 \propto \frac{1}{r_2}$$

을 이용하면 〈식 11-6〉은

$$m_2-m_1=-2.5\log(\frac{\frac{1}{r_2^2}}{\frac{1}{r_1^2}})$$

$$=-2.5\log(\frac{r_1}{r_2})^2$$

$$=-5\log(\frac{r_1}{r_2}) \quad \cdots\cdots\cdots\cdots < \text{식} 11-7 >$$

이 된다. 〈식 11-7〉은 같은 별이 거리만 다를 때이므로 〈그림 11-6〉과 같이 별 하나를 가지고 사용하면

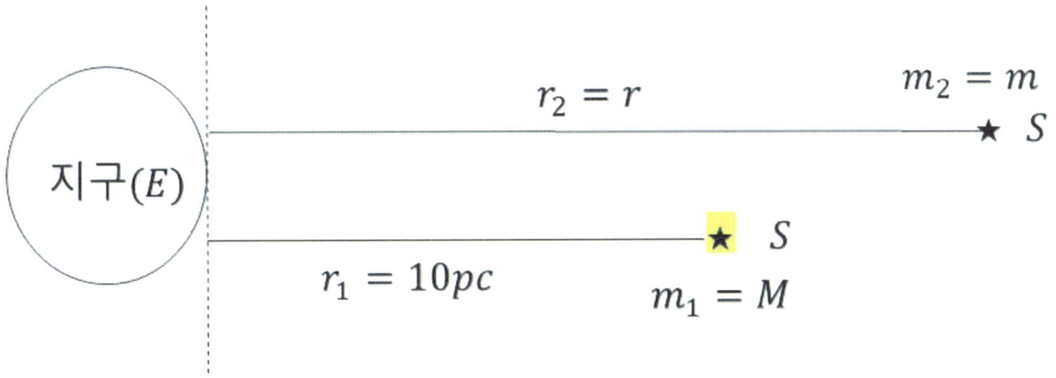

〈그림 11-6〉

다시 말해 지구로부터 거리 r에 있는 별의 겉보기 등급이 m, 이 별을 10pc에 옮겨왔을 때의 절대등급을 M이라고 하면 〈식 11-7〉은

$$m-M=-5\log\left(\frac{10}{r}\right)$$

$$=-5+5\log r \quad \cdots\cdots\cdots\cdots〈식11-8〉$$

이 된다. 〈식 11-8〉에서 $m-M$을 구하면 별까지의 거리 r을 알 수 있다. 즉 별의 절대등급 M을 알면 별까지의 거리를 알 수 있는 것이다. 별은 온도가 높을수록 짧은 파장의 빛을 내므로 이를 통해 별의 온도와 절대등급(실제 밝기)을 추정해 볼 수 있다.

6. 은하까지의 거리

은하들은 아주 멀리 떨어져 있어 은하 전체가 하나의 별처럼 보이며 외부 은하들은 우리에게서 멀어지고 있고 멀어지는 속력에 따라 은하에서 방출되는 빛의 띠가 〈그림 11-7〉처럼 빨강 쪽으로 치우치는, 즉 적색편이를 이용하여 은하까지의 거리를 구한 수 있다.

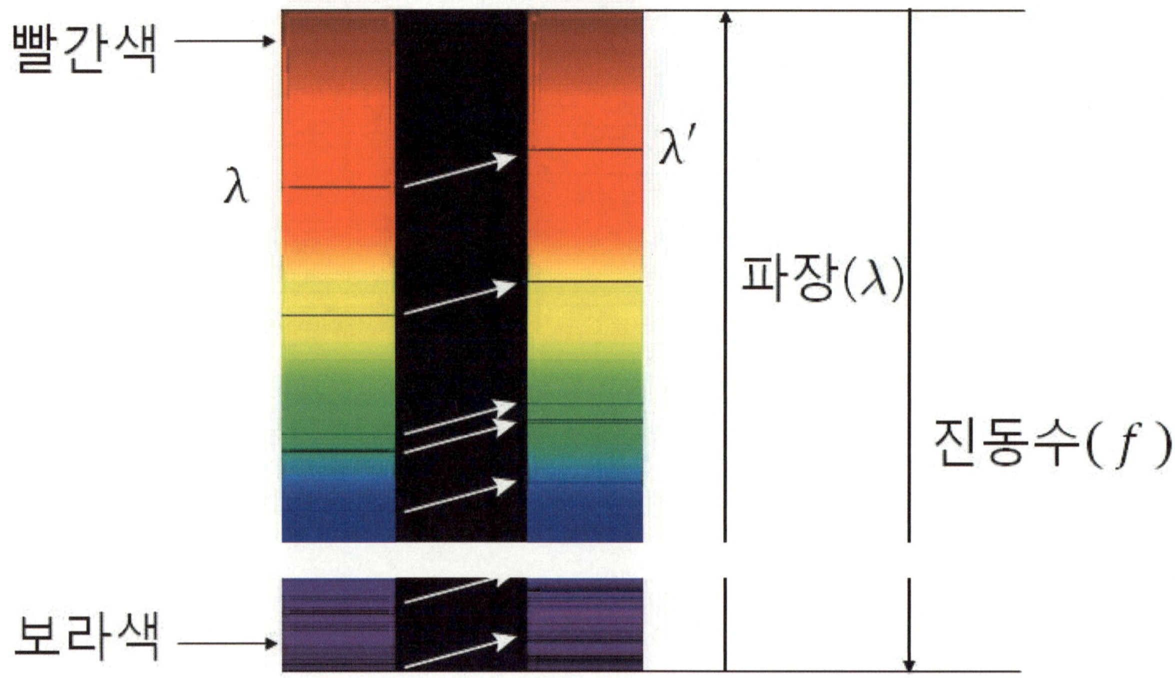

<그림 11-7>

은하가 멀어지는 속도 v와 은하까지의 거리 r은

$$v = Hr \quad \cdots\cdots\cdots\cdots \langle 식\ 11\text{-}9 \rangle$$

가 된다. <식 11-9>를 허블(Hubble)의 법칙이라고 하고 식에서 H는 허블 상수이다. H의 값은 71km/s • Mpc으로 우리로부터 $10^6 pc$(326만ly) 떨어진 은하는 1초에 71km씩 우리로부터 멀어지고 있다는 의미이다.

<그림 11-7>처럼 파장 λ를 방출하는 은하가 멀어지기 때문에 지구에서 관측을 하면 λ'으로 관측되며 $\Delta\lambda(\lambda' - \lambda)$만큼 파장의 변화가 있고 처음 파장 λ에 대한 $\Delta\lambda$의 비를 생각해 보면

$$\frac{\Delta\lambda}{\lambda} \quad \cdots\cdots\cdots\cdots \langle 식\ 11\text{-}10 \rangle$$

가 된다. 한편 우리가 관측하는 은하에서 나오는 빛의 진동수 f'는 도플러(Doppler) 효과에 의해 외부 은하가 방출하는 진동수 f_0보다 작다. 즉 도플러 효과에 의해

$$f' = f_0 \frac{c}{c+v} \quad \cdots\cdots\cdots\cdots \langle 식\ 11\text{-}11 \rangle$$

의 식이 성립하며 c는 빛의 속력, v는 은하의 멀어지는 속력를 나타낸다. $c = f\lambda$를 사용하면

$$f' = \frac{c}{\lambda'}, f_0 = \frac{c}{\lambda}$$

가 되고 이를 〈식 11-11〉에 대입하여 정리하면

$$\frac{c}{\lambda'} = \frac{c}{\lambda}\frac{c}{c+v}$$

$$\frac{1}{\lambda'} = \frac{1}{\lambda}\frac{c}{c+v}$$

$$\frac{\lambda' - \lambda}{\lambda} - \frac{v}{c} \rightarrow \frac{\Delta\lambda}{\lambda} - \frac{v}{c} \quad \cdots\cdots\cdots\cdots \langle 식\ 11\text{-}12 \rangle$$

가 된다. 〈식 11-10〉은 〈식 11-12〉로 표현되고 〈식 11-9〉를 적용하면

$$\frac{\Delta\lambda}{\lambda} = \frac{v}{c} = \frac{Hr}{c}$$

$$r = \frac{c}{H} \times \frac{\Delta\lambda}{\lambda} \quad \cdots\cdots\cdots\cdots \langle 식\ 11\text{-}13 \rangle$$

가 되어 $\Delta\lambda$만 측정하면 은하까지의 거리를 알 수 있다.

12장_혜성 꼬리

혜성은 먼지와 얼음 등으로 구성된 작은 천체로 장반경이 단 경보다 매우 큰 타원궤도를 그리며 태양 주위를 공전한다.

혜성이 태양에 접근하면 혜성의 핵 주위에 코마를 형성하고, 태양풍과 태양으로부터의 복사압에 의해 혜성의 꼬리를 형성하고 혜성의 꼬리는 이온 꼬리와 먼지 꼬리로 나누어지고 이온 꼬리는 태양의 반대편에 형성되지만 먼지 꼬리는 이온 꼬리와는 다른 형태로 나타난다.

1. 태양의 복사압에 의한 힘

태양에서 방출되는 전자기파에 의해 복사압이 생기는 과정을 알아보자.

먼저 태양에서 나오는 전자파 에너지 E는

$$E=\sqrt{m^2c^4+c^2p^2} \quad \cdots\cdots\cdots\cdots \langle\text{식 12-1}\rangle$$

이 된다. m은 질량, c는 광속도, p는 운동량을 의미한다. 광자는 질량이 0이므로 〈식 12-1〉은

$$E=cp \Rightarrow p=\frac{E}{c} \quad \cdots\cdots\cdots\cdots \langle\text{식 12-2}\rangle$$

가 된다. 전자기파가 물체의 표면에 미치는 힘 F는 시간에 대한 운동량의 변화량 즉

$$F=\frac{dp}{dt} \quad \cdots\cdots\cdots\cdots \langle\text{식 12-3}\rangle$$

을 사용하면 되고, 〈식 12-2〉를 다음과 같이 바꾸고

$$dp=\frac{dE}{c} \quad \cdots\cdots\cdots\cdots \langle\text{식 12-4}\rangle$$

〈식 12-4〉를 〈식 12-3〉에 대입하면

$$F = \frac{1}{dt}\frac{dE}{c} = \frac{1}{c}\frac{dE}{dt} \quad \cdots\cdots\cdots\cdots\langle 식\ 12\text{-}5\rangle$$

로 표현된다.

물체 표면에 dt동안 도달하는 에너지는 1초당 단위 면적당 에너지 밀도 I에 표면적 A를 곱하면 되므로

$$dE = IAdt \quad \cdots\cdots\cdots\cdots\langle 식\ 12\text{-}6\rangle$$

가 되고 이를 <식 12-5>에 대입하면

$$F = \frac{IA}{c}\frac{dt}{dt} = \frac{IA}{c} \quad \cdots\cdots\cdots\cdots\langle 식\ 12\text{-}7\rangle$$

가 된다. 압력(P)은 단위 면적당 작용하는 힘($\frac{F}{A}$)이므로 태양의 복사압 P는

$$P = \frac{F}{A} = \frac{1}{A}\frac{IA}{c} = \frac{I}{c} \quad \cdots\cdots\cdots\cdots\langle 식\ 12\text{-}8\rangle$$

가 된다.

2. 먼지 꼬리에 작용하는 힘

<그림 12-1>처럼 먼지 꼬리를 구형으로 생각하고 태양에서 거리가 r만큼 떨어진 곳에 있는 질량이 m, 밀도가 ρ, 반지름이 a_0(단면적 $A = \pi a_0^2$)인 먼지 덩어리를 생각해 보자.

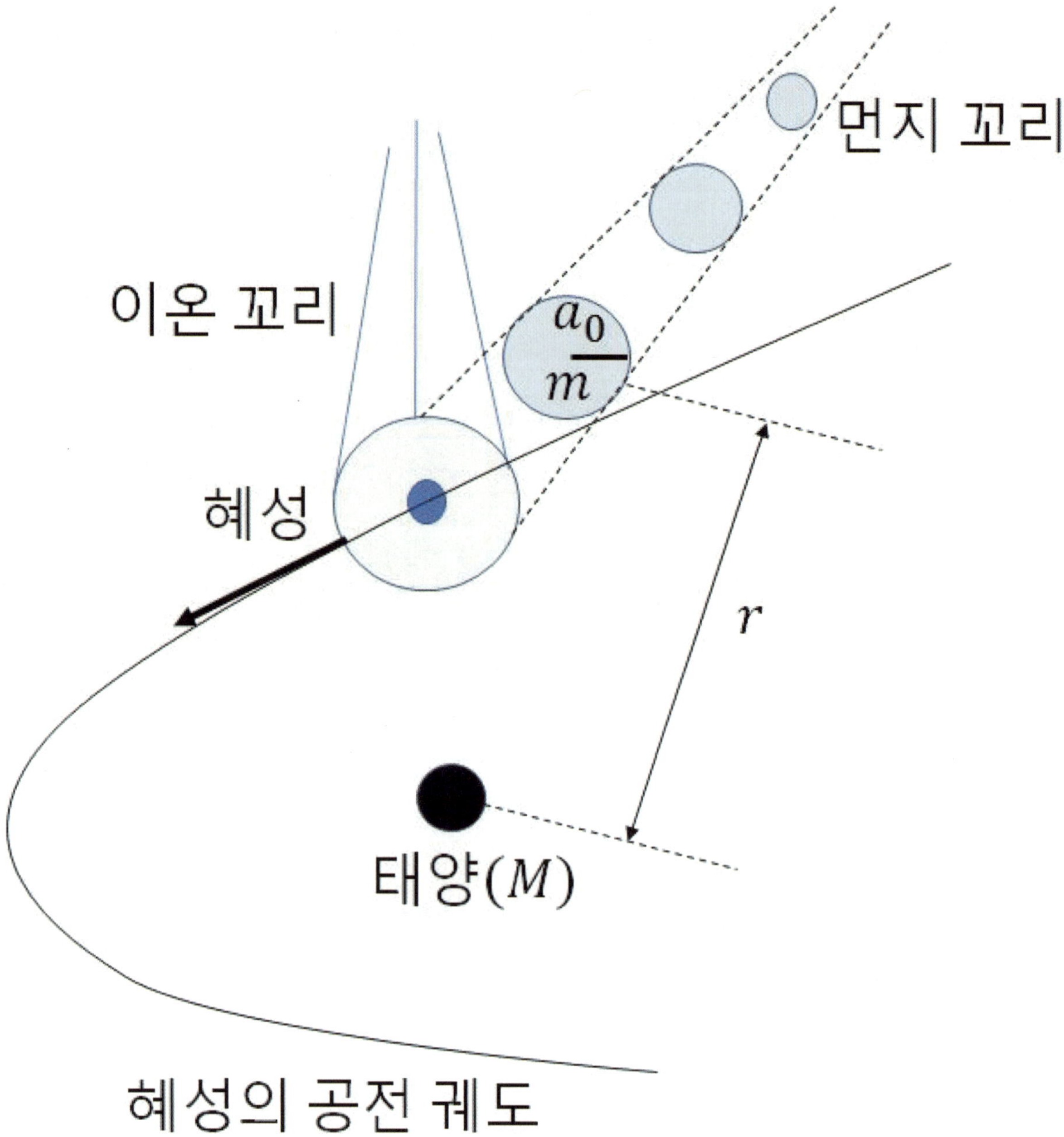

<그림 12-1>

1초 동안 태양에서 방출되는 총 에너지를 E_s(E_s는 4장 <식 4-10>에 계산되어 있다)라고 하면 단면적 A인 먼지 덩어리가 받는 힘 F_R은 <식 12-7>를 사용하면

$$F_R = \frac{IA}{c} = \frac{1}{c}(\frac{E_s}{4\pi r^2})A \quad \cdots\cdots\cdots\cdots \text{<식 12-9>}$$

가 된다. 이 힘은 태양 복사압에 의해 먼지 덩어리가 태양으로부터 멀어지려는 힘이 된다.
한편, 태양 중력에 의한 먼지 덩어리가 태양으로 끌려가는 힘, 중력 F_G가 있다.

$$F_G = G\frac{Mm}{r^2} \quad \cdots\cdots\cdots\cdots \langle 식\ 12\text{-}10 \rangle$$

G는 중력 상수, M은 태양 질량이다.

먼지 덩어리에 작용하는 힘 <식 12-10>과 <식 12-9>가 평형을 이루면

$$G\frac{Mm}{r^2} = \frac{1}{c}\left(\frac{E_s}{4\pi r^2}\right)A \quad \cdots\cdots\cdots\cdots \langle 식\ 12\text{-}11 \rangle$$

가 되고, $A = \pi a_0^2$, $m = \frac{4}{3}\pi a_0^3 \rho$를 <식 12-11>에 대입하고 정리하면

$$G\frac{M}{r^2}\left(\frac{4}{3}\pi a_0^3 \rho\right) = \frac{1}{c}\left(\frac{E_s}{4\pi r^2}\right)\pi a_0^2$$

$$a_0 = \frac{3E_s}{16\pi c \rho GM} \quad \cdots\cdots\cdots\cdots \langle 식\ 12\text{-}12 \rangle$$

가 된다. 먼지 덩어리의 반지름 a가 <식 12-12>와 같으면 먼지 덩어리에 작용하는 힘의 합은 0이 되고, $a > a_0$이면 먼지를 당기는 힘(F_G)이 밀어내는 힘(F_R)보다 크게 되고, $a < a_0$이면 먼지를 당기는 힘이 밀어내는 힘보다 작으므로 덩어리가 큰 먼지는 꼬리의 앞쪽에, 작은 먼지는 꼬리의 뒤쪽에 위치하게 된다.

먼지 꼬리는 태양 복사압에 의해 밀려나 혜성의 운동에 의해 휘어져 생긴다.

13장_태양의 나이

지구의 생명체들에게 에너지를 공급하는 태양은 전체 질량의 약 70% 정도가 수소로 이루어져 있다. 태양이 방출하는 에너지는 태양 핵 속에서 수소 원자핵의 핵융합에 의해 발생한다. 이는 질량-에너지 등가 원리에 의해 결손된 질량이 에너지로 전환된 것이다.

1. 터널링 효과(Tunneling effect)

태양의 중심부 온도는 대략 1500만K 정도로 수소 원자핵 두 개가 서로 접근하여 핵융합이 일어나기 위해서는 전기적인 척력을 이겨내고 핵력이 미치는 거리까지 접근하여야 한다. 이런 현상이 일어나려면 수소 원자핵인 양성자가 척력을 이겨내는 충분한 운동에너지를 가져야 하는데 이에 필요한 온도는 대략 1억K 정도 되어야한다.

태양의 중심에서 끊임없이 핵융합이 일어나는 이유는 양자역학의 터널 효과 때문이다.

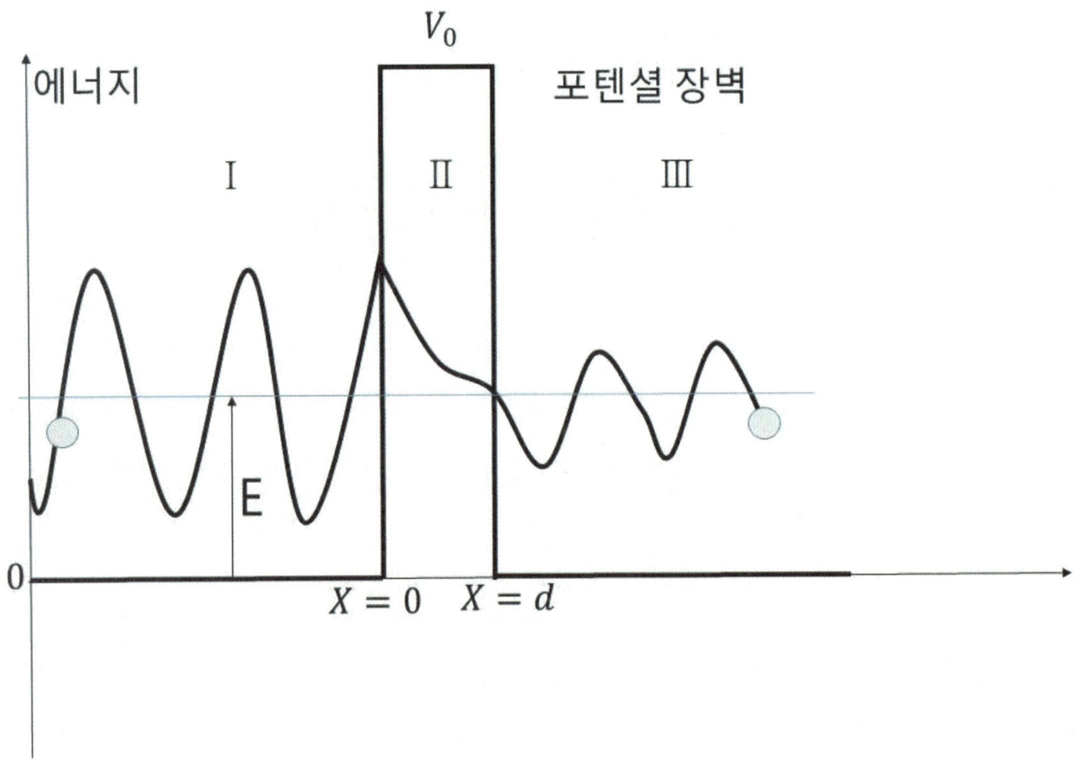

<그림 13-1>

터널링 효과란 <그림 13-1>처럼 영역 I 에서 에너지 E를 가진 입자가 E보다 높은 퍼텐셜 장벽(V_0)(영역 II)를 지나 영역 III 에서 존재할 수 있는 확률이 있다는 것이다. 고전 역학에서는 입자의

에너지(E)보다 높은 퍼텐셜 장벽(V_0)을 넘을 수 없지만 미시 세계에서는 입자가 갖는 파동의 성질 때문에 터널링 효과가 발생한다.

2. 핵융합

태양의 중심부에서 두 개의 수소 원자핵(양성자)이 어떻게 핵융합을 할 수 있는지 알아보자 <그림 13-2>는 두 양성자의 퍼텐셜 장벽을 나타낸 것이다.

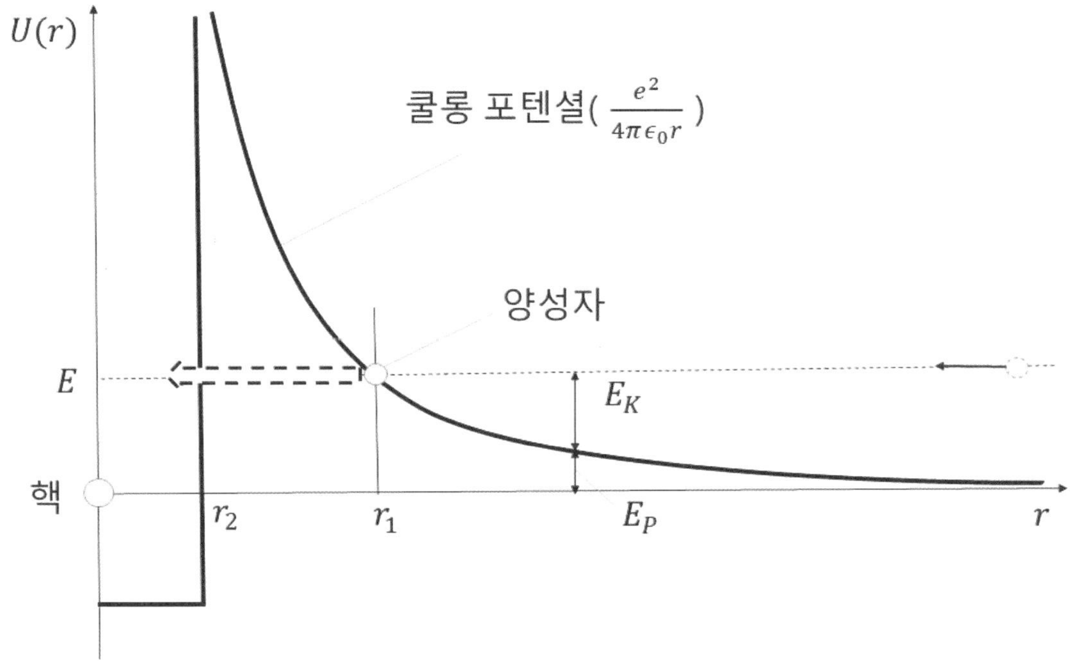

<그림 13-2>

$r=0$인 지점에 정지해 있는 양성자(핵)에 대해 $r=\infty$에서 에너지 $E(E_K)$를 가지고 핵을 향해 움직이는 양성자는 고전 역학적으로는 최대 $r=r_1$지점까지만 도달 할 수 있다. 왜냐면 양성자의 총에너지는 $r=\infty$일 때, <그림 13-2>의 쿨롱 퍼텐셜은 0이므로 $E(E_K)$가 되고,$r=r_1$일 때 $E_K=0$이므로 $E(E_P)$가 되어

$$E_P=\frac{e^2}{4\pi\epsilon_0 r_1}$$

이므로 역학적 에너지 보존 법칙을 직용하면

$$\frac{e^2}{4\pi\epsilon_0 r_1} + E_K(=0) = E_p(=0) + E(=E_K)$$

가 되고 식을 정리하면

$$r_1 = \frac{e^2}{4\pi\epsilon_0 E} \quad \cdots\cdots\cdots\cdots \langle 식\ 13\text{-}1 \rangle$$

이 된다.

양성자가 핵력이 작용하는 범위인 $r < r_2$ 범위 안에 들어가면 핵력에 의해 핵융합이 일어난다. <그림 13-1>의 터널링 효과에 의해 <그림 13-2>에서 에너지 E를 가진 양성자는 쿨롱 퍼텐셜 장벽을 통과해 핵력이 작용하는 범위 안에 들어갈 수 있다.

참고로 양자역학의 터널링 효과로 퍼텐셜 장벽을 지나가는 투과율 T는

$$T = \exp\left(-\frac{2}{\hbar}\int_{r_2}^{r_1} \sqrt{2m|U(r)-E|}\,dr\right)$$

이다.

3. 태양의 수명

태양의 질량이 2×10^{30}kg이고 이중 대략 70%가 수소라고 하면 핵융합에 사용되는 수소는 전체 수소의 15% 정도이다. 핵융합에 사용될 수 있는 수소량은

핵융합에 사용될 수 있는 총수소량

$= 2\times10^{30}\text{kg}\times0.7\times0.15$

$= 2.1\times10^{29}\text{kg} \quad \cdots\cdots\cdots\cdots <식 13-2>$

이다. 양성자 4개의 질량은 $1.0078\times4\text{amu} = 4.0312\text{amu}$, 헬륨 원자핵 1개 질량은 4.0026amu이므로 질량 결손은 $(4.0312-4.0026)\text{amu} = 0.0286\text{amu}$ (amu는 atomic mass unit으로 $1\text{amu} = 1.66\times10^{-27}$kg이다)이므로 핵융합 시 질량 결손 비율은

$$질량결손\ 비율 = \frac{0.0286}{4.0312} \approx 0.0071 \quad \cdots\cdots\cdots\cdots \langle 식\ 13\text{-}3 \rangle$$

이 된다. 질량-에너지 등가 원리 식

$$E = \triangle m \times c^2 \quad \cdots\cdots\cdots\cdots \langle 식\ 13\text{-}4 \rangle$$

$\triangle m$은 질량 결손을 ,c는 광속도를 나타낸다. <식 13-4>을 사용하여 태양에서 얻을 수 있는 총 에너지 E_t는 <식 13-2>~<식 13-4>를 곱하면 된다.

$$E_t = 0.0071 \times 2.1 \times 10^{29}\text{kg} \times \text{c}^2$$

$$\approx 1.33 \times 10^{44}\text{J} \quad \cdots\cdots\cdots\cdots < 식\ 13-5 >$$

가 된다. 태양이 1초 동안 방출하는 에너지는 4장에서 대략 4×10^{26}J/s이므로 태양의 한계수명은

$$T_{age} = \frac{1.33 \times 10^{44}\text{J}}{4 \times 10^{26}\text{J/s}} = 0.33 \times 10^{18} s \approx 10^{10}년 \quad \cdots\cdots\cdots\cdots \langle 식\ 13\text{-}6 \rangle$$

이 된다. 태양이 현재의 광도를 유지할 수 있는 시간은 대략 100억년 정도 된다.

14장_지구-태양계에 보어 모델 적용하기

태양 주위를 공전하는 지구는 주양자수(principal quantum number) n이 매우 크기 때문에 수소 원자처럼 에너지 준위간의 간격을 관측하기 어렵다.

지구-태양계를 보어 모델에 적용시켜 현재 지구의 주양자수를 알아보고 만약 지구의 주양자수가 변하면 얼마만큼의 에너지 차이가 발생하는지를 알아보자.

1. 지구의 주양자수(n) 구하기

<그림 14-1>처럼 태양 주위를 공전하는 지구의 역학적 에너지 E는 운동에너지 E_K와 중력 퍼텐셜 에너지 E_P의 합이 된다.

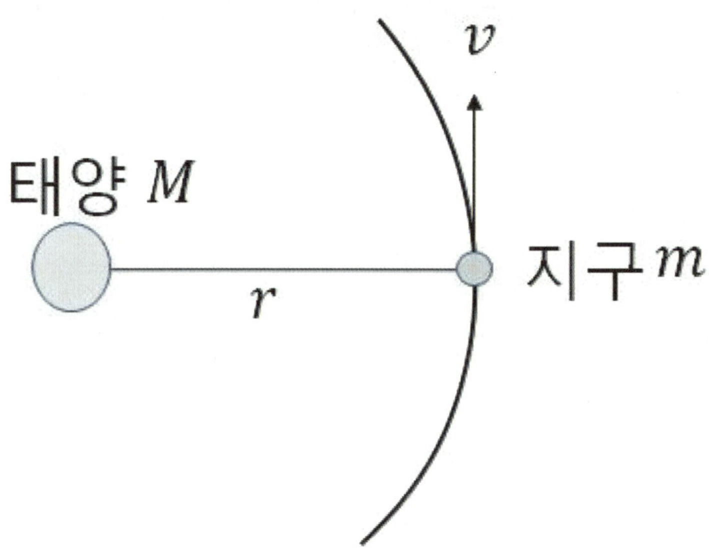

<그림 14-1>

$E = E_K + E_P$이므로

$$E = \frac{1}{2}mv^2 - G\frac{Mm}{r} \quad \cdots\cdots\cdots\cdots \langle 식\ 14\text{-}1 \rangle$$

이 된다. M은 태양 질량, m은 지구 질량, G는 중력 상수, v는 지구 공전 속도의 크기를 나타낸다. <식 14-1>을 주양자수가 들어간 형태의 식으로 바꾸기 위해 지구 공전 궤도가 드브로(de Broglie)

물질파 파장(λ)의 정수배가 되어야 한다는 조건, 즉 궤도 안정화 조건 <그림 14-2>을 사용하면

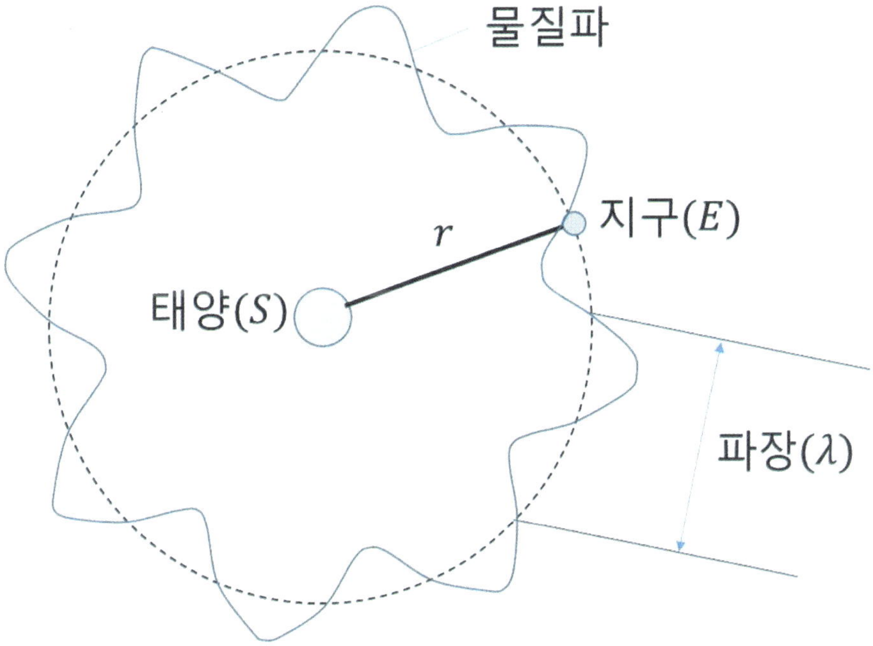

<그림 14-2>

$$n\lambda = 2\pi r_n (n = 1, 2, 3, \cdot\cdot\cdot) \cdots\cdots\cdots\cdots \langle 식\ 14\text{-}2 \rangle$$

이 되고, 물질파 파장 λ는

$$\lambda = \frac{h}{mv} (h:\ 플랑크\ 상수) \cdots\cdots\cdots\cdots \langle 식\ 14\text{-}3 \rangle$$

이다. <식 14-3>을 <식 14-2>에 대입하여 v를 구하면

$$v = \frac{nh}{2\pi r_n m} \cdots\cdots\cdots\cdots \langle 식\ 14\text{-}4 \rangle$$

가 되어 <식 14-4>를 <식 14-1>에 대입하면

$$E_n = \frac{1}{2}m\left(\frac{nh}{2\pi r_n m}\right)^2 - G\frac{Mm}{r_n}$$

$$= \frac{n^2h^2}{8\pi^2 m r_n^2} - G\frac{Mm}{r_n} \quad \cdots\cdots\cdots\cdots < 식 14-5 >$$

이 된다. <식 14-5>는 지구가 태양으로부터 일정한 거리에 있을 때 에너지 E가 일정하므로 E를 거리 r에 대해 미분하면

$$\frac{dE}{dr} = 0$$

$$\frac{dE}{dr} = \frac{n^2h^2}{8\pi^2 m}\left(-2\frac{1}{r^3}\right) - GMm\left(-\frac{1}{r^2}\right) = 0 \quad \cdots\cdots\cdots\cdots <식 14-6>$$

이 되고 식을 정리하면

$$r = \frac{h^2}{4\pi^2 m^2 GM}n^2 \quad \cdots\cdots\cdots\cdots <식 14-7>$$

이 된다. 지구의 주양자수 n에 대하여 정리하면

$$n = \sqrt{\frac{4\pi^2 rGMm^2}{h^2}} \quad \cdots\cdots\cdots\cdots <식 14-8>$$

이 된다. <식 14-8>에 모든 값들을 대입하면

$$n = \sqrt{\frac{4\pi^2(1.496\times10^{11}\text{m})(6.67\times10^{-11}\text{Nm}^2/\text{kg}^2)(1.989\times10^{30}\text{kg})(5.974\times10^{24}\text{kg})^2}{(6.626\times10^{-34}\text{Js})^2}}$$

$$\approx 2.53\times10^{74}$$

으로 매우 큰 값이다.

위에서 구한 방법과 다르게 각운동량 양자화 조건을 사용하여 지구의 주양자수 n을 구할 수 있다. 지구의 각운동량 L이 양자화 되어 있으므로

$$L = n\frac{h}{2\pi}(n = 1, 2, 3, \bullet\bullet\bullet) \cdots\cdots\cdots\cdots \langle 식\ 14\text{-}9 \rangle$$

가 성립하고 지구의 각운동량 $L = mvr$을 <식 14-9>에 대입하고 정리하면

$$n = \frac{2\pi}{h}mvr \cdots\cdots\cdots\cdots \langle 식\ 14\text{-}10 \rangle$$

이 된다. <식 14-10>에 모든 값들을 대입하면

$$n = \frac{2\pi(5.974\times10^{24}\mathrm{kg})(3\times10^{4}\mathrm{m/s})(1.496\times10^{11}\mathrm{m})}{6.626\times10^{-34}\mathrm{Js}}$$
$$\approx 2.53\times10^{74}$$

이 되어 위에서 구한 값과 같다.

2. 주양자수 변화에 따른 에너지 출입

먼저 <식 14-7>을 <식 14-5>에 대입하여 주양자수 n이 포함된 식으로 에너지 E를 표현하면

$$E_n = \frac{n^2h^2}{8\pi^2m}\left(\frac{4Gm^2M\pi^2}{n^2h^2}\right)^2 - GMm\left(\frac{4Gm^2M\pi^2}{n^2h^2}\right)$$
$$= -2\frac{G^2M^2m^3\pi^2}{n^2h^2} \quad \cdots\cdots\cdots\cdots < 식 14-11 >$$

이 된다. 지구가 E_{n+1}상태에서 E_n상태로 궤도가 옮겨 갈 때 발생하는 에너지 $\triangle E$는 $E_{n+1} > E_n$이 므로

$$\triangle E = E_{n+1} - E_n \cdots\cdots\cdots\cdots \langle 식\ 14\text{-}12 \rangle$$

이 된다. <식 14-11>을 <식 14-12>에 적용하면

$$\triangle E = -2\frac{G^2M^2m^3\pi^2}{h^2}\left[\frac{1}{(n+1)^2} - \frac{1}{n^2}\right] \cdots\cdots\cdots\cdots \langle 식\ 14\text{-}13 \rangle$$

과 같이 표현된다. <식 14-13>의 [ ]속을 다시 정리해보면

$$\begin{aligned}\frac{1}{(n+1)^2} - \frac{1}{n^2} &= \frac{1}{n^2(1+\frac{1}{n})^2} - \frac{1}{n^2} \\ &\approx \frac{1}{n^2}(1-\frac{2}{n}) - \frac{1}{n^2} \\ &= -\frac{2}{n^3}\end{aligned}$$

이므로 <식 14-13>에 대입하면

$$\triangle E = 4\frac{G^2M^2m^3\pi^2}{h^2n^3} \quad \cdots\cdots\cdots\cdots \langle 식\ 14\text{-}14 \rangle$$

이 된다. <식 14-14>에 모든 값들을 대입하면

$$\begin{aligned}\triangle E &= 4\frac{(6.67\times10^{-11})^2(1.989\times10^{30})^2(5.974\times10^{24})^3\pi^2}{(6.626\times10^{-34})^2(2.53\times10^{74})^3} \\ &= 2.09\times10^{-41}\mathrm{J}\end{aligned}$$

$\triangle E$는 매우 작은 값이면 방출하는 에너지가 전자기파이면 $\triangle E = hf = h\frac{c}{\lambda}$에서 파장 λ를 구해보

면

$$\lambda = \frac{hc}{\triangle E} = \frac{(6.626 \times 10^{-34})(3 \times 10^{8})}{2.09 \times 10^{-41}}$$

$$\approx 9.5 \times 10^{15} m$$

로 파장이 매우 길다.

15장_별의 질량

케플러 법칙과 질량-광도 관계를 이용하여 별의 질량을 구해보자

1. 케플러 법칙으로 쌍성의 질량 유도

<그림 15-1>과 같이 질량중심 CM을 중심으로 회전하는 질량이 m_1, m_2인 쌍성을 생각해 보자

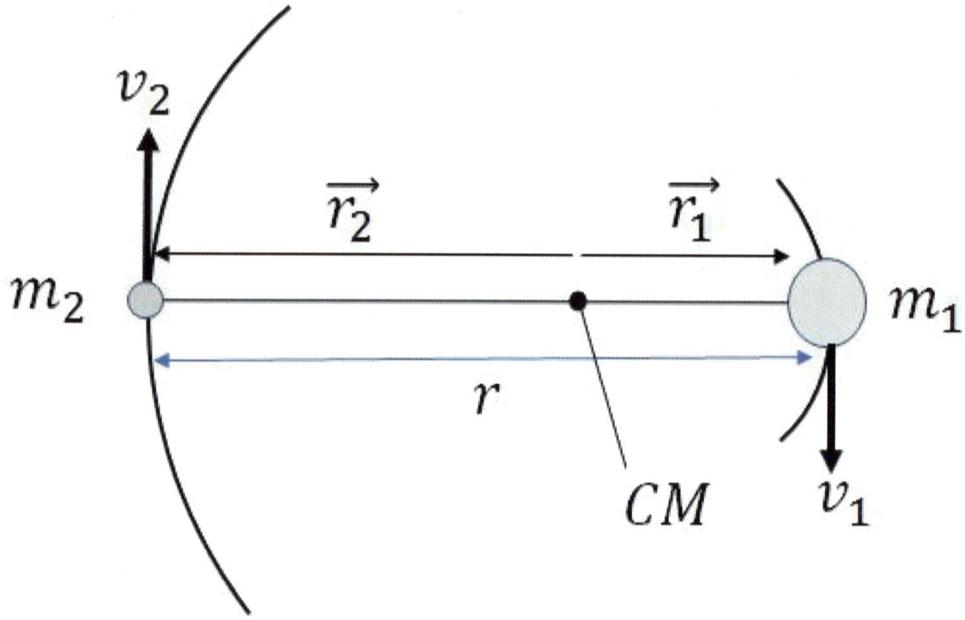

<그림 15-1>

별들은 질량중심 CM으로 부터 각각 r_1, r_2떨어져 v_1, v_2의 크기로 각각 원운동하고 있다고 했을 때 각각의 별에는 구심력 $F(=m\frac{v^2}{r})$가 작용하므로

$$F_1 = m_1\frac{v_1^2}{r_1} \quad \cdots\cdots\cdots\cdots \langle 식\ 15\text{-}1\rangle$$

$$F_2 = m_2\frac{v_2^2}{r_2} \quad \cdots\cdots\cdots\cdots \langle 식\ 15\text{-}2\rangle$$

크기의 구심력이 작용한다. 별들은 CM을 중심으로 같은 공전 주기 P를 가지므로 $v = \frac{2\pi r}{P}$를 통해

v_1, v_2를 다음과 같이 나타낼 수 있다.

$$v_1 = \frac{2\pi r_1}{P} \quad \cdots\cdots\cdots\cdots \langle 식\ 15\text{-}3 \rangle$$

$$v_2 = \frac{2\pi r_2}{P} \quad \cdots\cdots\cdots\cdots \langle 식\ 15\text{-}4 \rangle$$

<식 15-3>과 <식 15-4>를 각각 <식 15-1>과 <식 15-2>에 대입하면

$$F_1 = m_1 \frac{1}{r_1} (\frac{2\pi r_1}{P})^2 \quad \cdots\cdots\cdots\cdots \langle 식\ 15\text{-}5 \rangle$$

$$F_2 = m_2 \frac{1}{r_2} (\frac{2\pi r_2}{P})^2 \quad \cdots\cdots\cdots\cdots \langle 식\ 15\text{-}6 \rangle$$

이 된다. 구심력 F_1, F_2는 두 별 사이의 만유인력($G\frac{m_1 m_2}{r^2}$)과 같으므로 <식 15-5>와 <식 15-6>은 다음과 같이 표현된다.

$$m_1 \frac{1}{r_1} (\frac{2\pi r_1}{P})^2 = G\frac{m_1 m_2}{r^2} \quad \cdots\cdots\cdots\cdots \langle 식\ 15\text{-}7 \rangle$$

$$m_2 \frac{1}{r_2} (\frac{2\pi r_2}{P})^2 = G\frac{m_1 m_2}{r^2} \quad \cdots\cdots\cdots\cdots \langle 식\ 15\text{-}8 \rangle$$

<식 15-7>과 <식 15-8> 두 식을 더하면

$$\frac{4\pi^2}{P^2}(r_1 + r_2) = \frac{G}{r^2}(m_1 + m_2)$$

$$P^2(m_1+m_2)=\frac{4\pi^2}{G}r^3 \quad \cdots\cdots\cdots\cdots \langle 식\ 15\text{-}9\rangle$$

이 된다. 이 식은 케플러 제 3법칙에 해당된다. <식 15-9>에서 m_1, m_2을 구하기 위해서는 식이 하나 더 필요하다.

<그림 15-1>의 질량중심 CM의 좌표(x, y)를 $(0, 0)$으로 두면

$$r_{CM}=\frac{\sum_{i=1}^{n} m_i \vec{r_i}}{\sum_{i=1}^{n} m_i}$$

을 사용하면

$$y_{CM}=0,\ x_{CM}=\frac{m_1\vec{r_1}-m_2\vec{r_2}}{m_1+m_2}=0 \quad \cdots\cdots\cdots\cdots \langle 식\ 15\text{-}10\rangle$$

가 되어 <식 15-10>에서

$$m_1 r_1 = m_2 r_2 \quad \cdots\cdots\cdots\cdots \langle 식\ 15\text{-}11\rangle$$

쌍성의 질량중심 CM은 천구 상에서 직선 운동할 것이며 쌍성은 직선 운동 좌우로 진동할 것이므로 이를 이용하여 r_1, r_2를 관측으로 구할 수 있어 <식 15-9>와 <식 15-11>을 사용하면 m_1, m_2를 구할 수 있다.

2. 질량-광도 관계로 쌍성의 질량 유도

11장의 <식 11-6>을 다시 쓰면

$$m_2-m_1=\frac{5}{2}\log\left(\frac{l_1}{l_2}\right)=-2.5\log\left(\frac{l_2}{l_1}\right) \cdots\cdots\cdots\cdots \langle 식\ 15\text{-}12\rangle$$

이다. 태양과 같은 주계열성 별의 질량과 광도 사이는

$$\frac{l}{l_S}=(\frac{M}{M_S})^{\alpha} \quad \cdots\cdots\text{<식 15-13>}$$

의 관계가 성립한다. l_S, M_S는 태양의 광도와 질량을 l, M는 별의 광도와 질량을 나타낸다. <식 15-13>에서 태양과 같은 유형의 별은 $\alpha \approx 4$정도가 된다.

별과 태양의 절대등급을 각각

$$m(=m_2),\ m_S(=m_1)$$

광도를

$$l(=l_2),\ l_S(=l_1)\ [\frac{l}{l_S}=(\frac{M}{M_S})^4]$$

라 두고 이를 <식 15-12>에 대입하면

$$m-m_S=-2.5\log(\frac{M}{M_S})^4 \quad \cdots\cdots\cdots\cdots\text{<식 15-14>}$$

가 된다. 별의 절대등급을 알면 별의 질량을 구할 수 있다.

16장_별의 운동

천구상에서 별이 1년 동안 천구상을 이동한 각거리 μ(″/년)를 별의 고유 운동(proper motion)이라고 한다.

고유 운동의 측정 기준은 아주 멀리 있는 별들로 이들 별들은 고유 운동을 나타내지 못한다.

〈그림 16-1〉에 별의 고유 운동을 나타내었다.

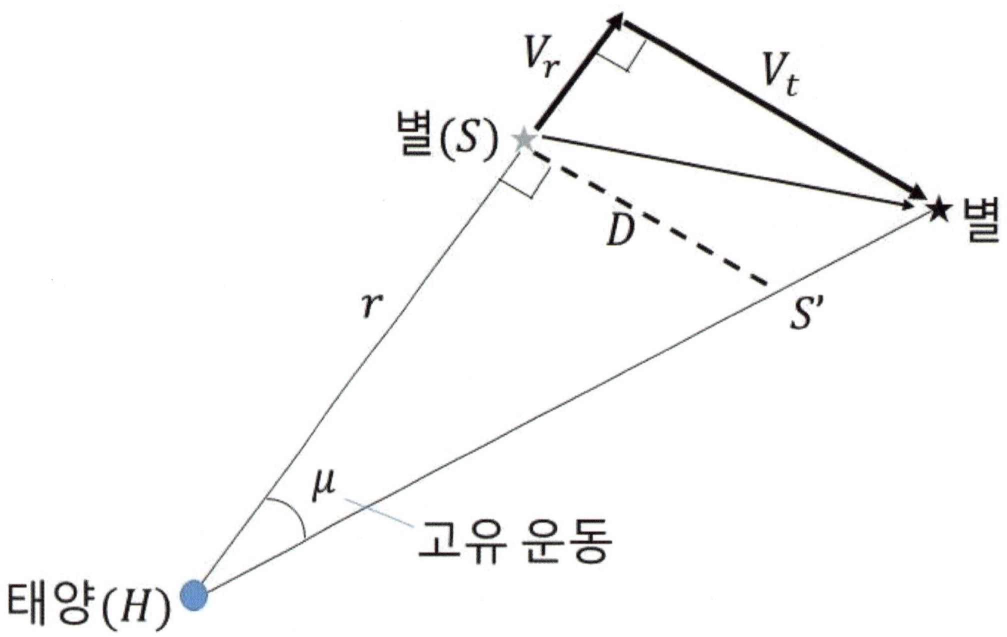

〈그림 16-1〉

별들이 우주 공간에서 실제로 운동하는 것을 공간 운동이라고 하는데 공간 운동은 서로 수직인 2개의 성분으로 나타낼 수 있다.

〈그림 16-1〉에서 시선 방향의 시선 속도 V_r, 천구면 상의 접선 속도 V_t가 있다.

1. 시선(radial)속도 V_r

별이 지구로부터 다가오거나 멀어져가는 속도를 말하며 〈그림 16-1〉은 지구로부터 멀어지는 속도를 나타내었다.

도플러 효과를 이용하여 V_r을 구할 수 있는데 〈식 11-12〉를 사용하면

$$\frac{\Delta\lambda}{\lambda} = \frac{v}{c} \Rightarrow V_r = c\frac{\Delta\lambda}{\lambda} \quad \cdots\cdots\cdots\cdots 〈식\ 16\text{-}1〉$$

가 된다.

$\Delta\lambda = \lambda' - \lambda$에서 λ는 흡수선의 고유 파장이고 λ'는 별 빛의 흡수선 파장으로 $\Delta\lambda > 0$이면 별이 지구로부터 멀어짐을, $\Delta\lambda < 0$이면 별이 지구 쪽으로 가까워짐을 의미한다.

V_r의 정확한 값을 얻기 위해서는 지구의 공전 속도에서 시선 방향의 성분을 보정하여야 한다.

2. 접선(tangential)속도 V_t

시선 방향에 대해 수직인 방향의 속도 성분을 접선 속도라고 한다. 접선 속도를 구하기 위해 〈그림 16-2〉를 생각해 보자

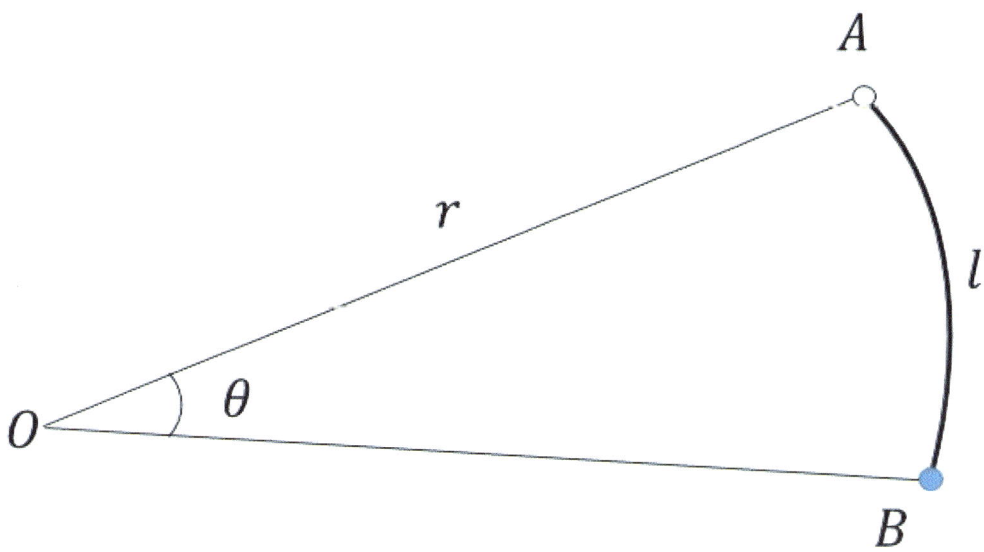

〈그림 16-2〉

〈그림 16-2〉에서 물체가 O를 중심으로 A에서 B까지 dt동안 이동할 때 $\widehat{AB}$의 길이 l은 $l = r\theta$가 되므로 A에서 B로 이동할 때의 속도는

$$v_l = \frac{dl}{dt} = \frac{d(r\theta)}{dt} = r\frac{d\theta}{dt} = r\omega \quad \cdots\cdots\cdots\cdots 〈식\ 16\text{-}2〉$$

가 되며 ω는 각속도가 된다.

<그림 16-1>에서 μ는 $(\frac{''}{\text{년}})$이므로 $\frac{\text{각거리}}{\text{시간}}$에 해당하므로 μ는 각속도(ω)가 된다. 또한 $\triangle HSS'$에서 r이 매우 크고 μ가 매우 작기 때문에 D는 직선으로 볼 수 있어

$$D = r\sin\mu \quad \cdots\cdots\cdots\cdots \langle \text{식 } 16\text{-}3 \rangle$$

가 되고 μ가 작으면 $\sin\mu \approx \mu$이므로 <식 16-3>은

$$D = r\mu \quad \cdots\cdots\cdots\cdots \langle \text{식 } 16\text{-}4 \rangle$$

가 되고 μ가 각속도 이므로 $D(V_t)$는 속도가 되므로

$$V_t = r\mu \quad \cdots\cdots\cdots\cdots \langle \text{식 } 16\text{-}5 \rangle$$

가 된다.

<식 16-5>에서 r의 단위는 pc이고 μ는 $(\frac{''}{\text{년}})$이므로 V_t의 단위는 $(\frac{''}{\text{년}})pc$이 된다. $1''$를 라디안으로 나타내면 $1'' = \frac{2\pi}{360 \times 60 \times 60}\text{rad}$, 1년=$365 \times 24 \times 3600\text{s}$, $1\text{pc} = 3.086 \times 10^{13}\text{km}$이고 이들을 <식 16-5>에 대입하면

$$\begin{aligned} V_t &= \frac{2\pi/(360 \times 60 \times 60)}{365 \times 24 \times 3600\text{s}} 3.086 \times 10^{13}\text{km} \\ &= 4.744(\frac{\mu''}{\pi''})\text{km/s} \quad \cdots\cdots\cdots\cdots < \text{식 } 16-6 > \end{aligned}$$

이 되며 π''는 별의 시차이다. 예를 시차가 $0.01''$, μ가 $0.1''$/년이면

$$\begin{aligned} V_t &= 4.744(\frac{0.1''}{0.01''})\text{km/s} \\ &= 47.44\text{km/s} \end{aligned}$$

가 된다.

17장_세차 운동

1. 팽이의 세차 운동(precession)

팽이의 회전축이 지면의 수직 방향과 일치 하지 않을 때 수직 방향과 일정한 각을 유지하며 도는 것을 팽이의 세차 운동이라 한다.

<그림 17-1>과 같이 팽이가 자신의 축 주위로 각속도 $\vec{\omega}$로 회전하고 있을 때 팽이의 각운동량 $\vec{L}$은

$$\vec{L} = I\vec{\omega} \quad \cdots\cdots\cdots\cdots \langle 식\ 17\text{-}1 \rangle$$

가 된다. I는 관성 모멘트(moment of inertia)이다.

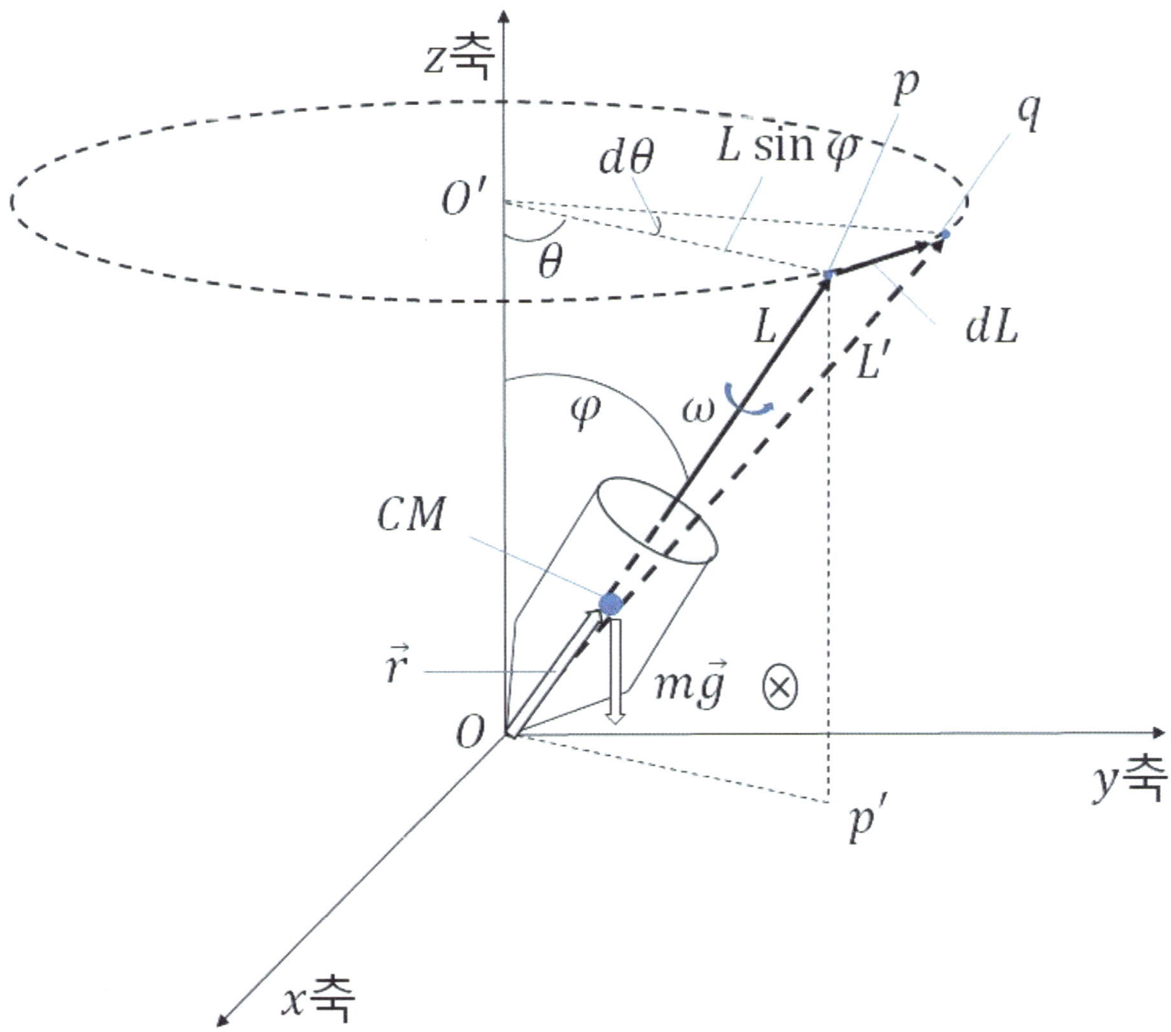

<그림 17-1>

팽이의 회전축이 z축으로부터 φ만큼 기울어져 회전하고 있을 때 팽이 질량중심 CM에 작용하는 중력 $m\vec{g}$에 의한 회전력 $\vec{\tau}$(torque)는

$$\vec{\tau}=\vec{r}\times m\vec{g} \quad \cdots\cdots\cdots\cdots\langle\text{식 17-2}\rangle$$

가 된다. $\vec{r}$과 $m\vec{g}$는 $\pi-\varphi$의 각을 이루고 있으므로 <식 17-2>는

$$\begin{aligned}\tau &= rmg\sin(\pi-\varphi)\\ &= rmg\sin\varphi \quad \cdots\cdots\cdots\cdots<\text{식}17-3>\end{aligned}$$

가 되고, 팽이를 xy평면으로 넘어지게 하려는 이 회전력의 방향은 평면 $OO'pp'$면을 뚫고 지나가는 방향 ⊗이다.

한편 각운동량의 시간 변화율 $\frac{d\vec{L}}{dt}$는 회전력 $\vec{\tau}$와 같으므로

$$\frac{d\vec{L}}{dt}=\vec{\tau}=mgr\sin\varphi(\otimes) \quad \cdots\cdots\cdots\cdots\langle\text{식 17-4}\rangle$$

가 된다. $\vec{\tau}$의 방향이 ⊗방향이므로 $d\vec{L}$의 방향도 ⊗방향이 되기 위해서 $d\vec{L}=\vec{L'}-\vec{L}$에서 $\vec{L}$은 p지점에서 dt동안 이동하여 q지점에서 $\vec{L'}$가 되어야 한다.

dL의 크기는 $\triangle O'pq$에서

$$dL=L\sin\varphi d\theta \quad \cdots\cdots\cdots\cdots\langle\text{식 17-5}\rangle$$

이므로 <식 17-5>를 <식 17-4>에 대입하면

$$\frac{L\sin\varphi d\theta}{dt}=mgr\sin\varphi$$

$$\frac{d\theta}{dt}=\frac{mgr}{L} \quad \cdots\cdots\cdots\cdots\langle\text{식 17-6}\rangle$$

이 된다. $\frac{d\theta}{dt} = \Omega$로 Ω는 L이 z축 주위를 회전하는 속도 즉 팽이의 축이 z축 주위를 세차 운동하는 각속도이고 $L = I\omega$이므로 <식 17-6>은

$$\Omega = \frac{mgr}{I\omega} \quad \cdots\cdots\cdots\cdots \langle 식\ 17\text{-}7 \rangle$$

이 된다.

팽이 축이 z축 주위를 한 바퀴 회전하는데 걸린 시간 T는

$$T = \frac{2\pi}{\Omega}$$

이므로 <식 17-7>을 사용하면

$$T = \frac{2\pi}{mgr/I\omega} = 2\pi \frac{I\omega}{mgr} \quad \cdots\cdots\cdots\cdots \langle 식\ 17\text{-}8 \rangle$$

이 된다. ω는 팽이 자체의 각속도이고 ω가 크면 T가 커져 팽이가 천천히 z축 주위를 회전하고 ω가 작으면 T가 작아져 팽이가 빨리 z축 주위를 회전한다.

<그림 17-1>과 같은 팽이의 경우 팽이의 세차 운동과 팽이의 회전 방향이 같다.

2. 지구의 세차 운동

지구는 태양 달에 의한 A, B 지역에 작용하는 차등 중력에 의해 지구의 자전축이 z축 주위를 세차 운동한다.

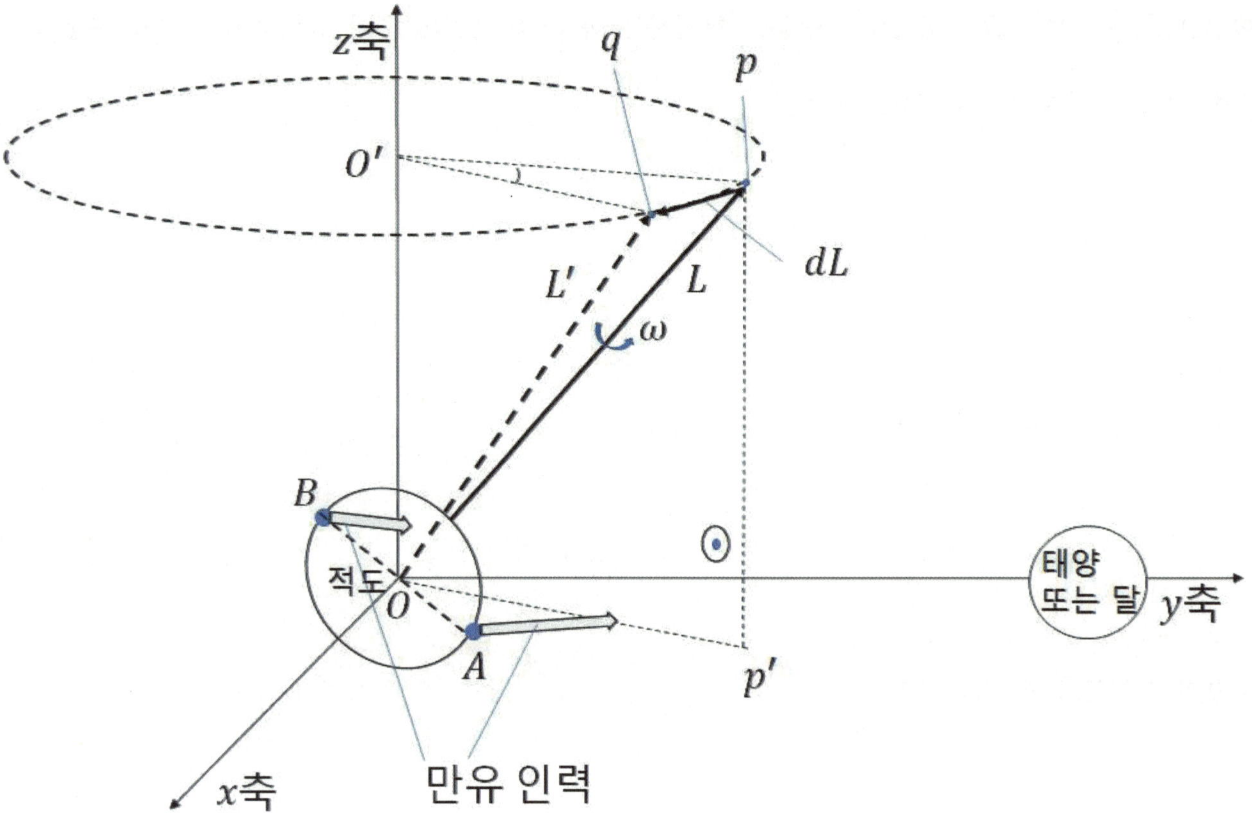

〈그림 17-2〉

그림에서 A, B 지역에 작용하는 중력에 의한 회전력의 합이 평면 $OO'pp'$면을 뚫고 나오는 방향 ⊙이다. $\vec{\tau}$의 방향이 ⊙방향이므로 $d\vec{L}$의 방향도 ⊙방향이 되기 위해서 $d\vec{L}=\vec{L'}-\vec{L}$에서 $\vec{L}$은 p지점에서 dt동안 이동하여 q지점에서 $\vec{L'}$가 되어야 한다.

그러므로 지구의 각속도 $\vec{\omega}$의 방향과 세차 운동의 방향이 반대이다.

18장_수소 21cm 파장

태양계가 속한 우리 은하는 막대모양의 구조와 나선팔을 가지고 있다고 한다. 우리는 어떻게 이런 구조를 알 수 있을까?

우리 은하는 수소 원자로 가득 차 있기 때문에 이 수소 원자에서 방출하는 21cm 파장을 관측함으로써 우리 은하의 구조를 알 수 있다.

<그림 18-1>처럼 수소는 원자핵과 전자로 이루어진 가장 단순한 구조의 원자이다.

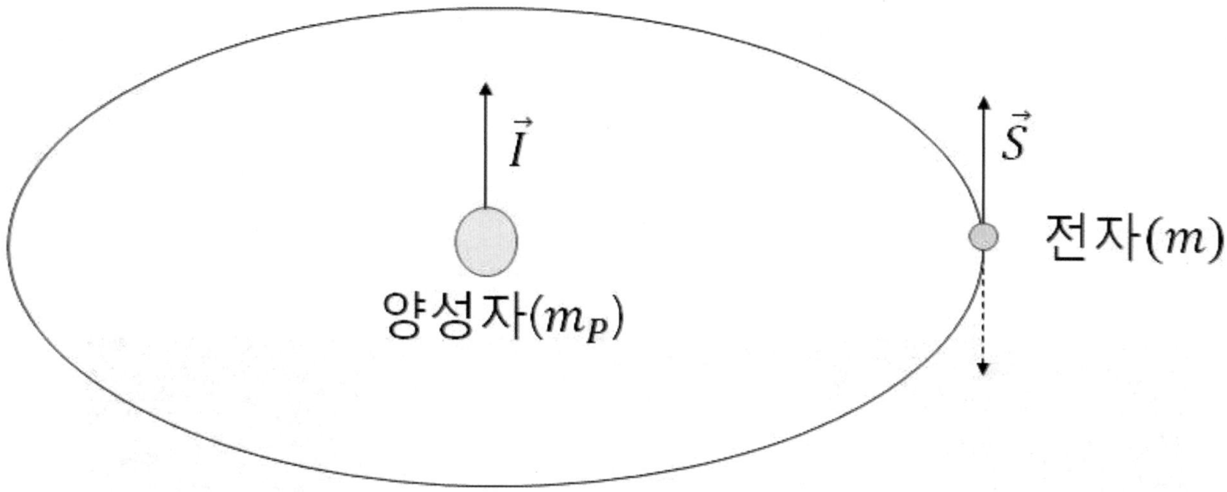

〈그림 18-1〉

그림에서 $\vec{I}$는 양성자의 스핀(스핀 각운동량), m_P은 양성자 질량, $\vec{S}$는 전자의 스핀(스핀 각운동량), m은 전자의 질량을 나타낸다. 전자와 양성자의 스핀이 같은 정렬된 상태에서 전자의 스핀이 반대로 될 때 21cm 파장의 전자기파를 방출한다.

지금부터 양자역학에 의한 수소의 21cm 파장 방출을 유도하려고 한다.

양성자의 자기 모멘트(magnetic moment) $\overrightarrow{M}$은

$$\overrightarrow{M} = \frac{eg_P}{2m_P}\vec{I} \quad \cdots\cdots\cdots\cdots \langle 식\ 18\text{-}1 \rangle$$

이다. e는 양성자 전하량, g_P는 자기회전비율을 나타낸다.

$\overrightarrow{M}$이 만드는 자기장 $\overrightarrow{B}$는 $\overrightarrow{M}$을 원점에 두었을 때 거리 r지점에서의 자기장은 고전 전자기학 이론에 따라

$$\overrightarrow{B} = \frac{1}{c^2}\left[\frac{3\vec{r}(\vec{r}\cdot\overrightarrow{M}) - r^2\overrightarrow{M}}{r^5} + \frac{8}{3}\pi\overrightarrow{M}\delta^{(3)}(r)\right] \quad \cdots\cdots\cdots\cdots \langle 식\ 18\text{-}2 \rangle$$

가 된다. 식에서 $\frac{1}{4\pi\epsilon_0} = 1$로 두었고, $\delta^{(3)}$은 3차원 델타 함수(delta function)이며 이후 δ로 표시할 것이다. 〈식 18-2〉에 〈식 18-1〉을 대입하면

$$\vec{B}=\frac{1}{c^2}\frac{eg_P}{2m_P}\left[\frac{3\vec{r}(\vec{r}\cdot\vec{I})-r^2\vec{I}}{r^5}+\frac{8}{3}\pi\vec{I}\delta(r)\right] \cdots\cdots\cdots\cdots \text{<식 18-3>}$$

가 된다.

전자는 궤도 운동에 의한 자기 모멘트 $\vec{\mu_l}(-\frac{e}{2m}\vec{L})$($\vec{L}$은 궤도 각운동량)과 스핀에 의한 자기 모멘트 $\vec{\mu_s}(-\frac{e}{m}\vec{S})$을 가지므로 전자의 자기 모멘트 $\vec{\mu}$는

$$\vec{\mu}=-\frac{e}{2m}(\vec{L}+2\vec{S}) \cdots\cdots\cdots\cdots \text{<식 18-4>}$$

가 되며 전자의 자기 모멘트 $\vec{\mu}$와 자기장 $\vec{B}$의 상호작용에 의한 헤밀토니안(Hamiltonian) H는

$$H=-\vec{\mu}\cdot\vec{B} \cdots\cdots\cdots\cdots \text{<식 18-5>}$$

가 된다. <식 18-4>와 <식 18-3>을 <식 18-5>에 대입하면

$$H=\frac{e}{2m}(\vec{L}+2\vec{S})\cdot\frac{1}{c^2}\frac{eg_P}{2m_P}\left[\frac{3\vec{r}(\vec{r}\cdot\vec{I})-r^2\vec{I}}{r^5}+\frac{8}{3}\pi\vec{I}\delta(r)\right] \cdots\cdots\cdots\cdots \text{<식 18-6>}$$

이 되고, 궤도 양자수(orbital quantum number) $l=0$이면 파동함수 Ψ_{noo}는 구 대칭을 가지고 $\vec{L}=0$ 이므로 <식 18-6>은

$$H=\frac{e^2g_P}{2m_Pmc^2}\left[\frac{3(\vec{r}\cdot\vec{I})(\vec{r}\cdot\vec{S})-r^2(\vec{I}\cdot\vec{S})}{r^5}+\frac{8}{3}\pi(\vec{I}\cdot\vec{S})\delta(r)\right] \cdots\cdots\cdots\cdots \text{<식 18-7>}$$

가 되고 <식 18-7>의 [ ]첫째 항의 분자 항을 각적분 해 보면 0이 된다. 왜냐하면

$$\int(\vec{r}\cdot\vec{I})(\vec{r}\cdot\vec{S})d\Omega=\int(\vec{I}\cdot\vec{S})\frac{r^2}{3}d\Omega=\frac{4}{3}\pi r^2(\vec{I}\cdot\vec{S})$$

$$\int r^2(\vec{I}\cdot\vec{S})d\Omega = 4\pi r^2(\vec{I}\cdot\vec{S})$$

이기 때문이다. 그러므로 <식 18-7>의 헤밀토니안 H의 기댓값 에너지 E는

$$E = < n00 | H | n00 > = \int \Psi^*_{n00} H \Psi_{n00} d^3r$$

이므로

$$E = \int d^3r \, |\Psi_{n00}|^2 \frac{e^2 g_P}{2m_P mc^2} \frac{8}{3}\pi(\vec{I}\cdot\vec{S})\delta(r)$$

$$= \frac{8}{3}\pi(\vec{I}\cdot\vec{S})\frac{e^2 g_P}{2m_P mc^2}\int d^3r |\Psi_{n00}|^2 \delta(r) \quad \cdots\cdots\cdots\cdots < \text{식}\, 18-8 >$$

가 된다. $\Psi_{n00}(r,\theta,\varphi) = R_{n0}(r)Y_{00}(\theta,\varphi)$이고 $Y_{00} = \sqrt{\frac{1}{4\pi}}$ 이므로 <식 18-8>을 다시 쓰면

$$E = \frac{8}{3}\pi(\vec{I}\cdot\vec{S})\frac{e^2 g_P}{2m_P mc^2}\frac{1}{4\pi}\int d^3r |R_{n0}(r)|^2 \delta(r) \quad \cdots\cdots\cdots\cdots \langle\text{식 } 18\text{-}9\rangle$$

가 된다. $\delta(r)$은 $r=0$일 때 값을 가지고 $R_{n0}(0) = 2(\frac{1}{na_0})^{\frac{3}{2}}$, $e^2 = \alpha\hbar c$, $a_0 = \frac{\hbar}{\alpha mc}$를 사용하여 <식 18-9>을 다시 쓰면

$$E = \frac{8}{3}\pi(\vec{I}\cdot\vec{S})\frac{\alpha\hbar c g_P}{2m_P mc^2}\frac{1}{4\pi}2^2(\frac{\alpha mc}{\hbar})^3\frac{1}{n^3}$$

$$= \frac{4}{3}\alpha^4 mc^2 \frac{m}{m_P} g_P \frac{1}{\hbar^2}\frac{1}{n^3}(\vec{I}\cdot\vec{S}) \quad \cdots\cdots\cdots\cdots < \text{식}\, 18-10 >$$

이 된다.

전자와 원자핵인 양성자가 만드는 전체 스핀을 $\vec{F}$라 두면

$$\vec{F} = \vec{I} + \vec{S} \quad \cdots\cdots\cdots\cdots \langle 식\ 18\text{-}11 \rangle$$

가 되고, $(\vec{I} \cdot \vec{S})$를 구하기 위해 <식 18-11>을 제곱하면

$$F^2 = I^2 + S^2 + 2\vec{I} \cdot \vec{S}$$

$$= \hbar^2 (\frac{1}{2})(\frac{1}{2}+1) + \hbar^2 (\frac{1}{2})(\frac{1}{2}+1) + 2\vec{I} \cdot \vec{S}$$

$$\vec{I} \cdot \vec{S} = \frac{1}{2}(F^2 - \frac{3}{2}\hbar^2) \quad \cdots\cdots\cdots\cdots \langle 식\ 18\text{-}12 \rangle$$

이 되어 <식 18-12>를 <식 18-10>에 대입하면

$$E = \frac{4}{3}\alpha^4 mc^2 \frac{m}{m_P} g_P \frac{1}{\hbar^2} \frac{1}{n^3} \frac{1}{2}(F^2 - \frac{3}{2}\hbar^2) \quad \cdots\cdots\cdots\cdots \langle 식\ 18\text{-}13 \rangle$$

이 된다. S와 I는 스핀이 각각 $\frac{1}{2}$이므로 F는 1또는 0이 되어 $F=1$일 때 (<그림 18-1>에서 양성자와 전자의 스핀 방향이 같을 때) $E_{F=1}$은

$$E_{F=1} = \frac{4}{3}\alpha^4 mc^2 \frac{m}{m_P} g_P \frac{1}{\hbar^2} \frac{1}{n^3} \frac{1}{2}(2\hbar^2 - \frac{3}{2}\hbar^2) \quad \cdots\cdots\cdots\cdots \langle 식\ 18\text{-}14 \rangle$$

$F=0$일 때 (<그림 18-1>에서 양성자와 전자의 스핀 방향이 반대일 때) $E_{F=0}$은

$$E_{F=0} = \frac{4}{3}\alpha^4 mc^2 \frac{m}{m_P} g_P \frac{1}{\hbar^2} \frac{1}{n^3} \frac{1}{2}(0 - \frac{3}{2}\hbar^2) \quad \cdots\cdots\cdots\cdots \langle 식\ 18\text{-}15 \rangle$$

이고 $E_{F=1}$이 $E_{F=0}$보다 에너지가 크므로 $\triangle E$는

$$\triangle E = \frac{4}{3}\alpha^4 mc^2 \frac{m}{m_P} g_P \frac{1}{n^3} \quad \cdots\cdots\cdots\cdots \langle 식\ 18\text{-}16 \rangle$$

이 된다. α는 미세구조상수로 $\frac{1}{137.036}$, m은 전자 질량으로 9.11×10^{-31}kg, c는 광속도로

3×10^8m/s, m_P는 양성자 질량으로 1.67×10^{-27}kg, g_P는 자기회전비율로 5.56, n은 주양자수 (principle quantum number)로 수소 원자의 바닥 상태 $n=1$을 사용하면

$$\triangle E=\frac{4}{3}(\frac{1}{137})^4(9.11\times10^{-31})(3\times10^8)^2\frac{(9.11\times10^{-31})}{(1.67\times10^{-27})}5.56\frac{1}{1^3}$$

$$=9.399\times10^{-25}\text{J}$$

이 된다. $\triangle E=hf$에서 f를 구하면(h는 플랑크 상수)

$$f=\frac{\triangle E}{h}=\frac{9.399\times10^{-25}\text{J}}{6.623\times10^{-34}\text{Js}}=1.419\times10^9\text{Hz}(=1/\text{s})$$

가 된다. $c=f\lambda$에서 λ를 구하면

$$\lambda=\frac{c}{f}=\frac{3\times10^8\text{m/s}}{1.419\times10^9(1/\text{s})}=2.114\times10^{-1}m=21.14\text{cm}$$

가 된다.

19장_해수면 상승

1. 지구의 온도 상승

현재 지구의 온도는 4장에서 계산한 것과 같이 슈테판-볼츠만 법칙과 지구의 온실 효과로 288K(15 ˚C)정도 된다. 인간 활동에 의한 온실 가스의 증가로 단위 시간, 단위 면적당 $3W/m^2$ 만큼의 에너지가 추가로 지표면에 전달된다면 지구의 온도는 얼마나 더 증가할까?

먼저 실제로 지구가 단위 시간, 단위 면적당 방출하는 에너지는 $3.9\times10^2W/m^2$이고 여기에 $3W/m^2$의 양이 추가되어 지표면은 단위 시간, 단위 면적당 $393W/m^2$의 에너지를 방출한다.

열에너지 평형상태가 되었다고 가정하고 <식 4-6>을 적용하면

$$R_E = \sigma T^4 \quad \cdots\cdots\cdots\cdots \langle 식\ 19\text{-}1 \rangle$$

이 되고 $R_E = 393W/m^2$, $\sigma = 5.67\times10^{-8}W/m^2K^4$을 <식 19-1>에 대입하여 계산하면

$$T = \left(\frac{393W/m^2}{5.67\times10^{-8}W/m^2K^4}\right)^{\frac{1}{4}} \approx 288.54K$$

가 된다. 대략 지표면의 온도는 0.54K정도 상승하게 된다.

2. 해수면 상승

<그림 19-1>처럼 바다에 떠 있는 빙산을 생각해 보자. 지구 온난화로 기온이 상승해 바다에 떠 있는 빙산이 녹으면 해수면이 상승한다. 이를 증명해 보자. 기온 상승에 의한 바닷물과 지구의 팽창은 무시하고 빙산이 녹아도 바닷물의 밀도 ρ_{salt}는 변하지 않는다고 가정한다.

V_{tice}는 빙산의 총 부피, M_{ice}는 빙산의 총 질량, ρ_{ice}는 빙산의 밀도, V_{sice}는 바다 속에 잠긴 빙산의 부피를 나타낸다.

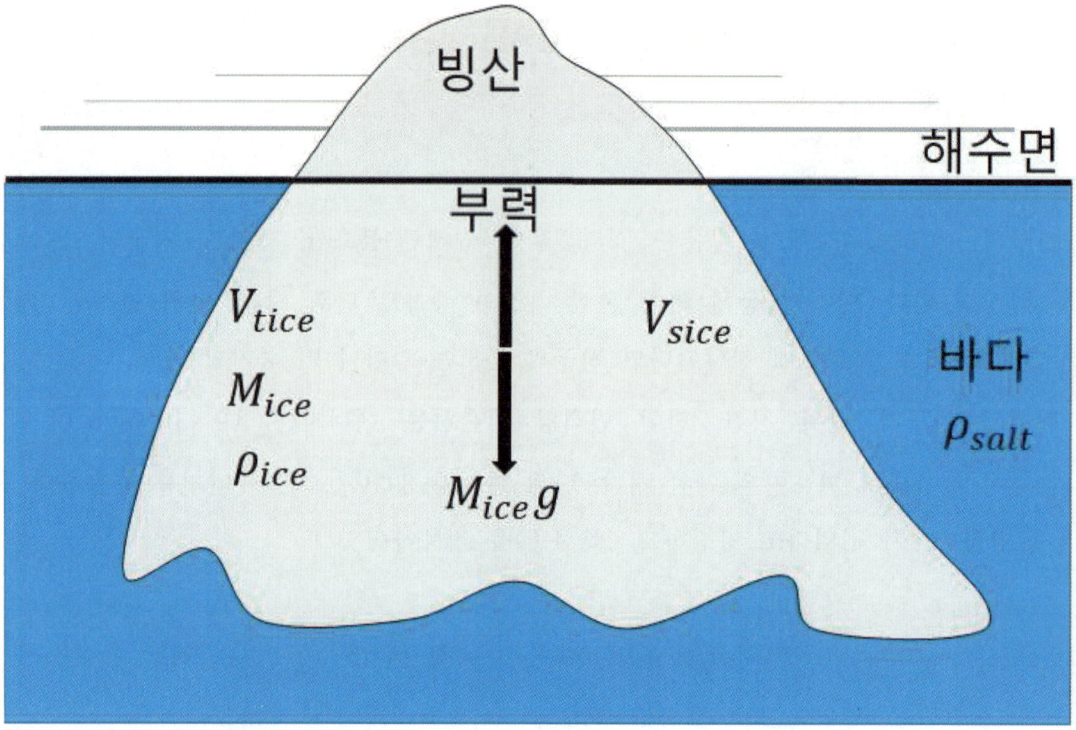

<그림 19-1>

<그림 19-1>에서 빙산이 비닷물에 떠서 정지하고 있다는 것은 빙산에 작용하는 모든 힘의 합이 0이란 것을 의미하므로

$$\sum_{i=1}^{n} F_i = 0 \quad \cdots\cdots\cdots\cdots \text{<식 19-2>}$$

의 조건을 만족해야 한다. 빙산에는 중력 $M_{ice}g$와 부력이 작용한다. 부력은 물체가 차지한 유체의 무게에 해당하는 만큼의 힘으로 중력과 반대 방향으로 작용하므로 부력의 크기는

$$\text{부력} = \rho_{salt} V_{sice} g (g\text{: 중력 가속도})$$

가 된다. 부력과 중력을 <식 19-2>에 대입하면

$$\rho_{ice} V_{tice} g (= M_{ice} g) = \rho_{salt} V_{sice} g$$

$$\frac{V_{tice}}{V_{sice}} = \frac{\rho_{salt}}{\rho_{ice}}$$

$$V_{tice} = \frac{\rho_{salt}}{\rho_{ice}} V_{sice} \quad \cdots\cdots\cdots\cdots \langle 식\ 19\text{-}3 \rangle$$

가 성립한다.

또한 <그림 19-2>처럼 빙산이 녹아 물이 되었을 때의 부피를 V_{water}라고 하면 V_{water}가 빙산이 빠져 나간 바닷물의 공간 부피 V_{sice}보다 크면 해수면이 상승하게 된다.

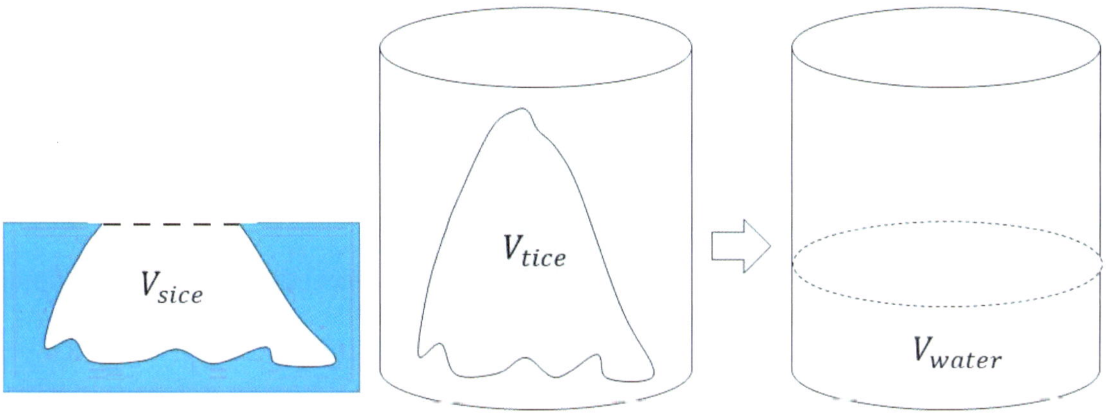

<그림 19-2>

<그림 19-2>에서 빙산이 모두 녹아도 물 분자의 수는 변하지 않으므로 빙산의 무게와 빙산이 녹은 물의 무게가 같으므로

$$\rho_{ice} V_{tice} g = \rho_{water} V_{water} g$$

$$V_{tice} = \frac{\rho_{water}}{\rho_{ice}} V_{water} \quad \cdots\cdots\cdots\cdots \langle 식\ 19\text{-}4 \rangle$$

가 된다. ρ_{water}는 물의 밀도이다. <식 19-4>를 <식 19-3>에 대입하면

$$\frac{\rho_{water}}{\rho_{ice}} V_{water} = \frac{\rho_{salt}}{\rho_{ice}} V_{sice}$$

$$\frac{V_{water}}{V_{sice}} = \frac{\rho_{salt}}{\rho_{water}} \quad \cdots\cdots\cdots\cdots \langle 식\ 19\text{-}5 \rangle$$

가 된다. $\rho_{salt}=1.03\text{g/cm}^3$, $\rho_{water}=1.00g/\text{cm}^3$이므로 <식 19-5>는

$$\frac{V_{water}}{V_{sice}}=\frac{\rho_{salt}}{\rho_{water}}>1$$

이므로 $V_{water}>V_{sice}$가 되어 해수면은 상승한다.

20장_탈출속도

수성이나 달에는 대기가 없고 금성이나 화성에는 대기가 존재한다. 대기 존재의 유무를 행성에서의 탈출 속도로 알아보자.

1. 기체의 속도 분포

절대온도가 T, N개의 분자가 이상기체상태에 있을 때 에너지 E와 $E+dE$ 사이의 분자수 $n(E)$는 맥스웰 분포(Maxwell distribution)를 따르므로

$$n(E)dE = \frac{2\pi N}{(\pi kT)^{\frac{3}{2}}}\sqrt{E}\,e^{-\frac{E}{kT}}dE \quad \cdots\cdots\cdots\cdots \langle 식\ 20\text{-}1\rangle$$

가 성립한다. k는 볼츠만 상수이다.

분자간 거리가 먼 이상기체에서는 질량이 m인 기체 분자 1개의 에너지(E)는 운동 에너지(E_k)가 된다.

$$E = \frac{1}{2}mv^2\ (dE = mvdv) \quad \cdots\cdots\cdots\cdots \langle 식\ 20\text{-}2\rangle$$

이 되고 <식 20-2>를 <식 20-1>에 대입하면

$$n(v)dv = \frac{2\pi N}{(\pi kT)^{\frac{3}{2}}}\sqrt{\frac{1}{2}mv^2}\,e^{-\frac{\frac{1}{2}mv^2}{kT}}mvdv$$

$$= 4\pi N\left(\frac{m}{2\pi kT}\right)^{\frac{3}{2}}v^2 e^{-\frac{mv^2}{2kT}}dv \quad \cdots\cdots\cdots\cdots < 식\ 20-3 >$$

가 되고 v에 대한 $n(v)$를 그래프로 나타내면 <그림 20-1>과 같다. 절대 온도 T에서 속도가 큰 쪽으로 긴 꼬리를 가진 형태를 이룬다.

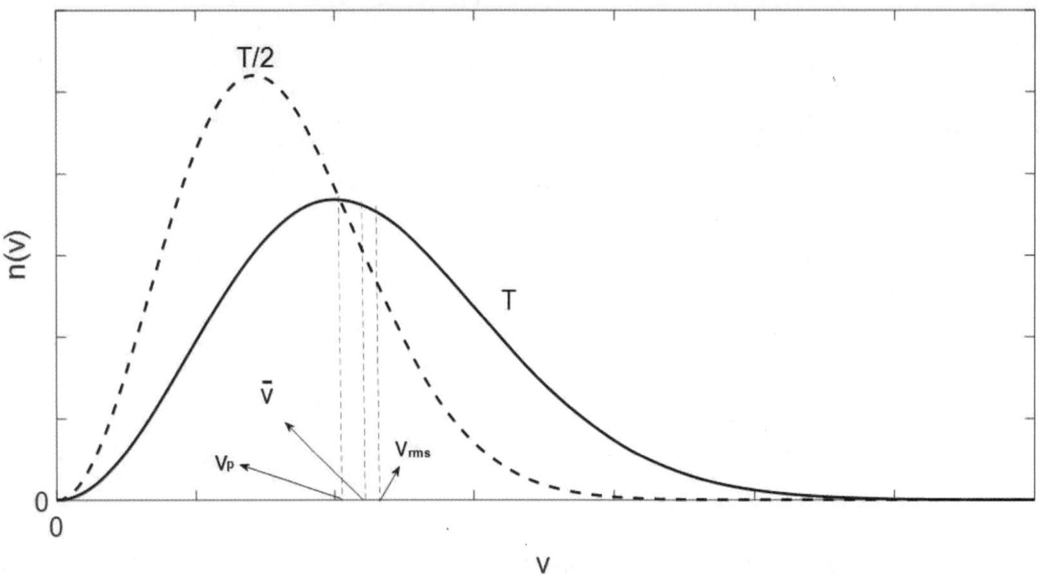

〈그림 20-1〉

최빈속도(most probable speed) v_p는 $\dfrac{dn(v)}{dv}=0$이 되는 지점의 속도이므로

$$\frac{d}{dv}[4\pi N(\frac{m}{2\pi kT})^{\frac{3}{2}}v^2 e^{-\frac{mv^2}{2kT}}]=0 \quad \cdots\cdots\cdots\cdots〈식\ 20\text{-}4〉$$

이 된다. 식을 미분하고 정리하면

$$v_p=\sqrt{\frac{2kT}{m}} \quad \cdots\cdots\cdots\cdots〈식\ 20\text{-}5〉$$

와 같다.

기체 분자의 평균 운동에너지 $\overline{E_k}(\overline{\frac{1}{2}mv^2})$는 $\overline{E_k}=\frac{3}{2}kT$와 같으므로

$$\overline{\frac{1}{2}mv^2}=\frac{3}{2}kT$$

에서 $v_{rms}=\sqrt{\overline{v^2}}$ 이므로

$$v_{rms} = \sqrt{\frac{3kT}{m}} \quad \cdots\cdots\cdots\cdots \langle \text{식 } 20\text{-}6 \rangle$$

와 같다. v_{rms}는 제곱평균제곱근속도(root mean square speed)이다.

기체 분자의 평균 속력 $\bar{v}$는

$$\bar{v} = \frac{1}{N}\int_0^\infty vn(v)dv \quad \cdots\cdots\cdots\cdots \langle \text{식 } 20\text{-}7 \rangle$$

이므로 <식 20-3>을 <식 20-7>에 대입하면

$$\bar{v} = \frac{1}{N}\int_0^\infty v4\pi N\left(\frac{m}{2\pi kT}\right)^{\frac{3}{2}} v^2 e^{-\frac{mv^2}{2kT}} dv$$

$$= 4\pi\left(\frac{m}{2\pi kT}\right)^{\frac{3}{2}} \int_0^\infty v^3 e^{-\frac{mv^2}{2kT}} dv \quad \cdots\cdots\cdots\cdots < \text{식 } 20-8 >$$

가 된다. <식 20-8>의 적분은

$$\int_0^\infty x^3 e^{-ax^2} dx$$

형태의 적분으로 $ax^2 = t$로 두면

$$\int_0^\infty x^3 e^{-ax^2} dx = \frac{1}{2a^2}\int_0^\infty te^{-t} dt = \frac{1}{2a^2}$$

이 되므로 이를 사용하면

$$\bar{v} = 4\pi\left(\frac{m}{2\pi kT}\right)^{\frac{3}{2}} \frac{1}{2}\left(\frac{2kT}{m}\right)^2$$

$$= \sqrt{\frac{8kT}{\pi m}} \quad \cdots\cdots\cdots\cdots < \text{식 } 20-9 >$$

가 된다. v_p, v_{rms}, $\bar{v}$의 크기를 비교하면 $v_{rms} > \bar{v} > v_p$가 된다.

2. 탈출 속도

행성의 대기가 희박하고 기체 분자들이 탄성충돌한다고 하면 기체 분자들은 이상기체처럼 움직이고 <그림 20-1>과 같은 분포를 이룬다.

행성 대기에 존재하는 질량 m인 기체의 역학적 에너지는 운동 에너지 E_k와 중력에 의한 위치에너지 E_p의 합이 된다. <그림 20-2>에서 반지름이 R, 질량이 M인 행성에서 r지점에서 속도의 크기가 v로 움직이는 질량 m이 기체 분자를 생각해 보자.

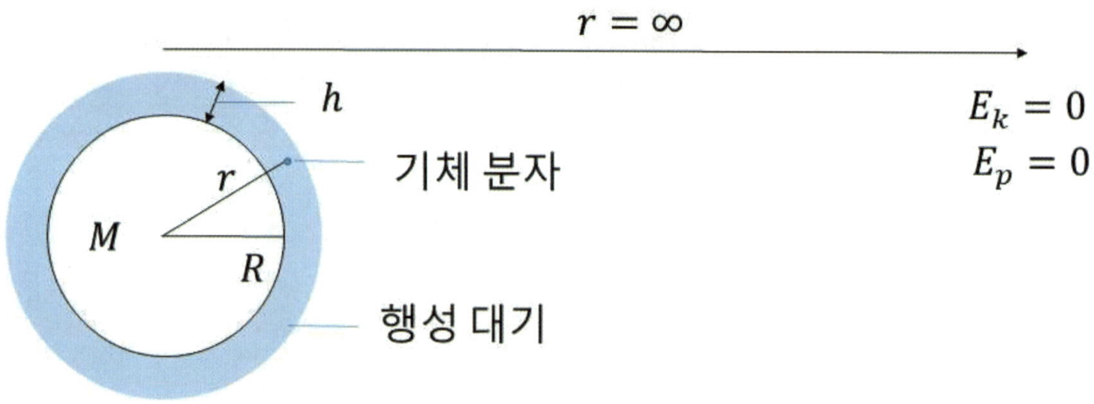

<그림 20-2>

운동 에너지는 $E_k = \frac{1}{2}mv^2$, $E_p = -G\frac{Mm}{r}$이고 $R \gg h$이면 $E_p = -G\frac{Mm}{R}$로 쓸 수 있고 행성에서의 기체 분자의 역학적 에너지 E는

$$E = \frac{1}{2}mv^2 - G\frac{Mm}{R} \quad \cdots\cdots\cdots\cdots \langle 식\ 20\text{-}10 \rangle$$

이 된다. 기체가 행성을 탈출한다는 것은 기체가 $r = \infty$에서 $E_p = 0$, 운동에너지는 최소한 $E_k = 0$이면 된다. 즉 $r = \infty$에서 기체 분자의 역학적 에너지 E는

$$E = 0 \quad \cdots\cdots\cdots\cdots \langle 식\ 20\text{-}11 \rangle$$

이 된다. 역학적 에너지 보존 법칙을 적용하면 〈식 20-11〉과 〈식 20-10〉은 같은 값이 되므로

$$\frac{1}{2}mv^2 - G\frac{Mm}{R} = 0$$

$$v_e = \sqrt{\frac{2GM}{R}} \quad \cdots\cdots\cdots\cdots 〈식\ 20\text{-}12〉$$

가 성립한다. 〈식 20-12〉를 행성표면에서의 탈출 속도라 한다.

행성 대기 속 기체의 $v_{r\,ms}$가 v_e와 같으면 〈그림 20-1〉에서 보이는 것처럼 v_e보다 큰 속도를 가진 기체들은 행성의 대기를 탈출한다.

저자 김성태

부산대학교 사범대학 물리교육과 졸업

부산대학교 대학원 박사과정 수료

전 동래여자고등학교 물리 교사

지구과학, 수식으로 표현해 보자

초판발행	2021년 3월 5일
초판1쇄인쇄	2021년 3월 15일
초판2쇄인쇄	2021년 11월 28일
초판3쇄인쇄	2024년 12월 16일
지은이	김성태
펴낸이	성종규
펴낸곳	잼난인연
주소	부산시 금정구 금강로 285 (46286)
전화	051) 581-0213
팩스	051) 581-2103
E-mail	dall5724@naver.com
등록	제251-2007-1호(2007년 2월 1일)
ISBN	979-11-87315-16-2
	979-11-87315-13-1 (세트)

- 세상에 꼭 있어야 할 가치로운 책이라면 이익에 구애치 않는다는 마음으로 책을 만듭니다.